KB272229

사계절 미소와
채식 한 끼

채식한끼 사계절 미소와

토종 콩과 제철 채소로
만드는 레시피

박진희(캐롤)
지음

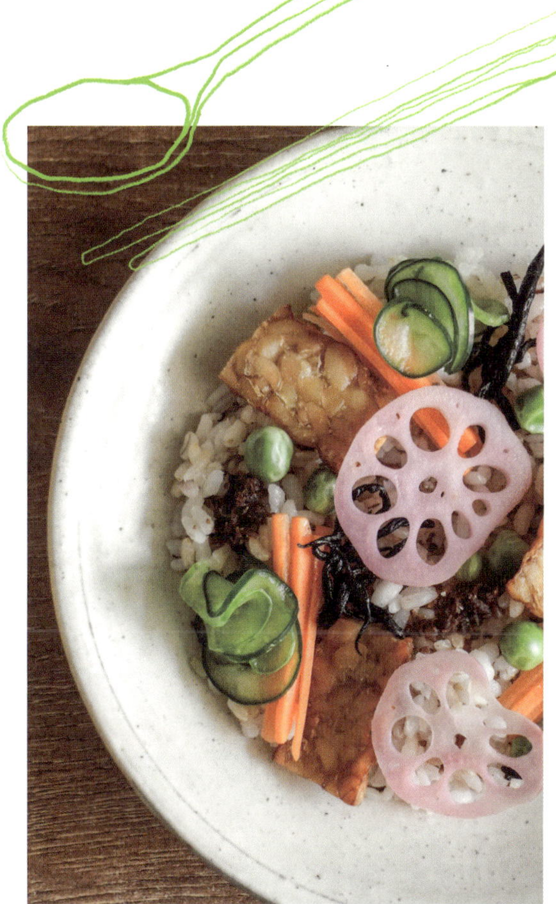

포르체

잘 먹었습니다

"선생님, 정말 오랜만에 맛있고 편안한 식사를 했어요."
"제가 당근을 못 먹었는데, 장국에 들어간 당근을 먹고부터는
당근을 먹기 시작했어요."
"신기하게 음식과 선생님이 참 닮아 있어요."

그 말들은 한참 동안 내 마음에 위로가 되어 주었다. 정성스레
차린 밥상은 맛에 대한 단순한 즐거움과 기쁨을 즉각적으로
주기도 하지만 지친 일상을 살아갈 힘을 주기도, 아주 긴 여운
을 남기기도 한다. 삶의 방식이 곧 식사의 방식이라는 말처럼,
한 사람의 식탁에는 그가 살아가는 태도와 철학, 그리고 타인
을 대하는 마음결이 고스란히 담겨 있다.

　　나는 식탁을 통해 삶을 들여다볼 수 있기를 바라는 마음
으로 강의를 한다. 하지만 정작 나 스스로도 일에 치여 식사
를 거르거나, 모니터 앞에서 대충 때우는 날이 많다. 그럴 때
면 수강생들이 들려주는 귀한 말들이 떠오른다. 내가 어떤 식
탁을 차려 왔는지, 어떤 마음을 담아 전해 왔는지를 되짚게 된

다. 그리고 나 자신에게 묻는다. 지금 나는 잘 먹고 있는가?

마크로비오틱 공부를 위해 일본에 머물렀을 때, 어느 식당을 나서다 벽면에 적힌 한 문장이 눈에 들어왔다. "You are what you eat." 숙소로 돌아와 침대에 누웠는데 문득 그 문장이 떠올라 생각이 마구 엉켰다. 나는 지금 무엇을 먹고 있는가. 로컬 식탁을 통해 어떤 이야기를 전하고 있으며, 어떤 삶을 마주하고 있는가.

　생명을 위해 또 다른 생명을 내 안에 들이는 일. 그것은 생각보다 아름답기만 한 일은 아니다. 우리의 밥상은 조금 더 건강해야 하고 지속 가능해야 하며 공평해야 한다. 그것이 곧 평화의 식탁이 아닐까.

2026년 4월

박진희(캐롤)

목차

1부 — 사계절살이

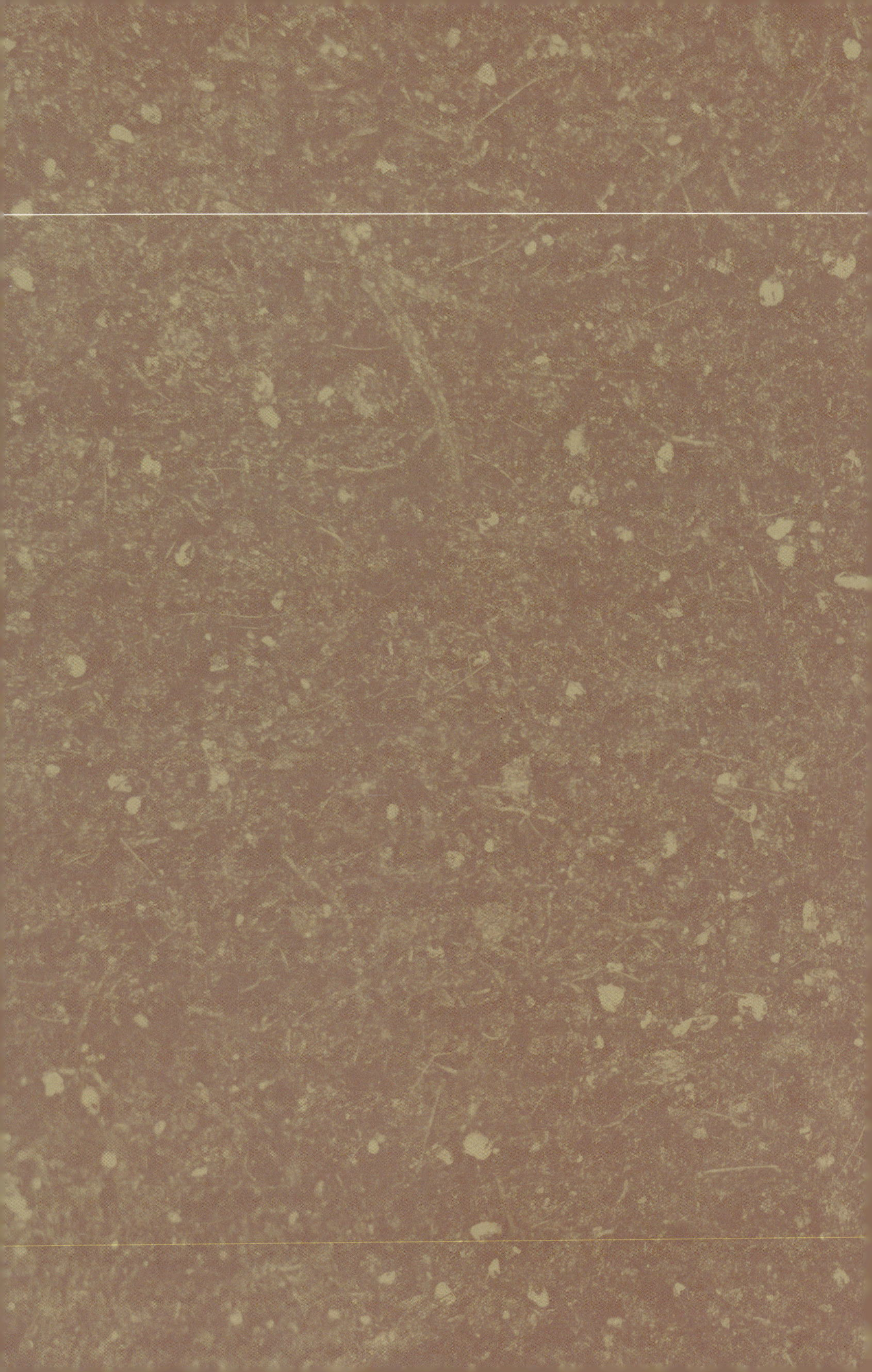

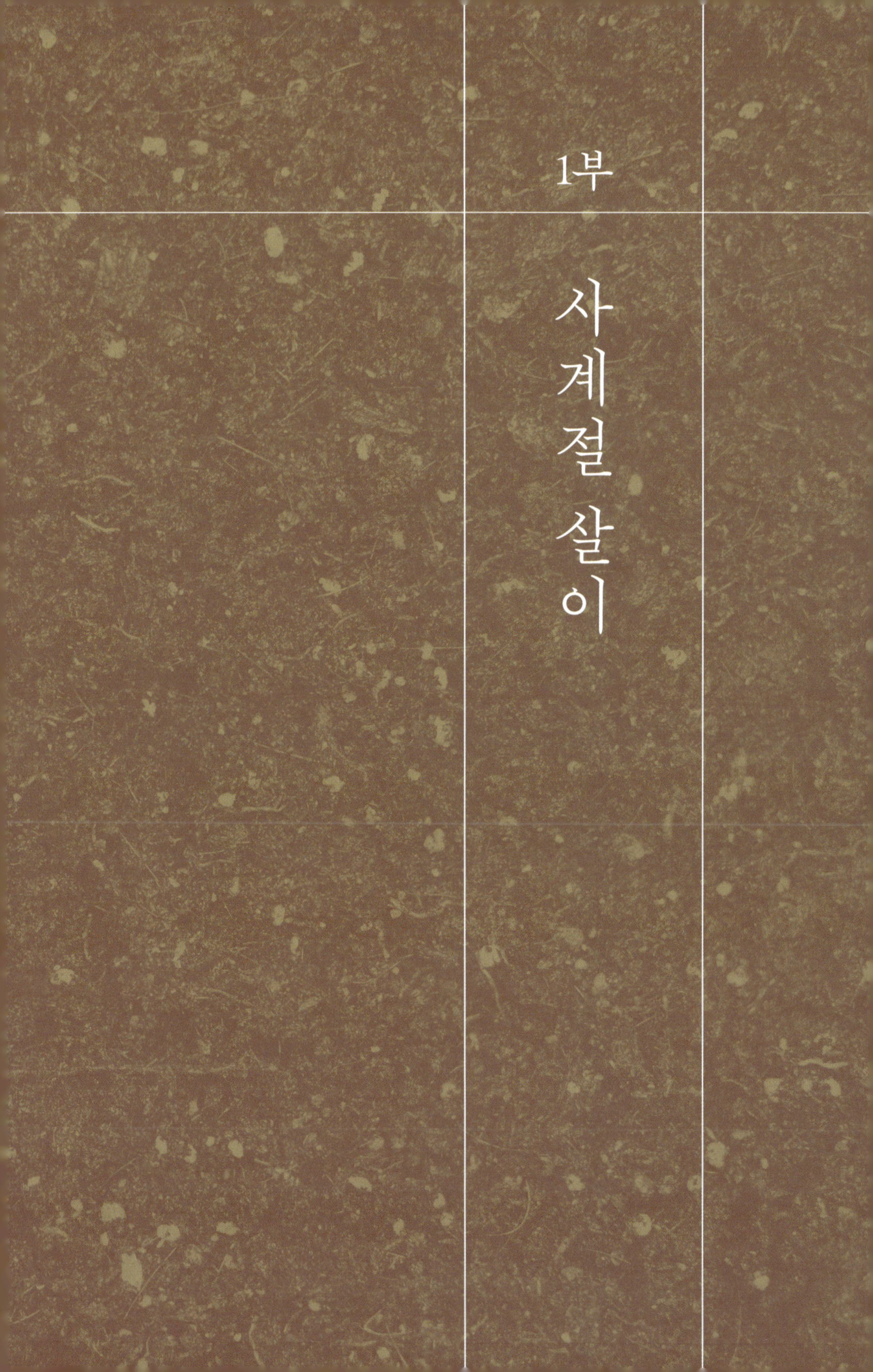
1부

사계절 살이

1장

절기에 맞춰
삽니다

봄에는 나물, 겨울에는 된장국

열흘만 지나도 산의 얼굴이 달라진다. 햇살이 조금 더 따뜻해지고 바람에 실린 냄새가 달라지면, 땅속에서 기다리던 푸른 순들이 절기에 따라 고개를 든다.

새순은 겨울을 지나 처음 돋아나는 연하고 여린 잎이다. 겨울이 지나고 땅을 뚫고 나오는 새순을 보면 참 많은 것이 다시 시작될 수 있다는 믿음이 생긴다.

겨울 끝에서 초봄 사이, 김장김치가 떨어질 무렵이면 봄동으로 겉절이를 해 먹는다. 겉절이를 해 먹고 남은 봄동으로 토종밀을 섞어 바삭하게 전을 부친다. 그렇게 겨울 끝자락의 입맛을 봄이 천천히 덮어 간다. 냉이, 쑥, 초벌 부추, 달래, 연한 참나물, 가죽나물, 생취나물…. 어떤 나물은 뿌리째 모두 먹으며 일물전체하고, 어떤 나물은 연한 순만 살려 낸다. 또 어떤 나물은 생으로 쌈을 싸 먹고, 밥에 고추장과 참기름을 넣어 쓱 비벼 먹는다.

입춘을 지나 쑥이 돋으면, 들이고 산이고 다니며 잔뜩 뜯어 쑥버무리, 쑥국, 쑥떡을 해 먹는다. 남은 쑥은 데쳐 냉동해 두고 그렇게 몇 달은 더 봄을 먹는다. 참죽나무의 어린 가죽나물은 가지에서 돋아난다. 그 향을 맡고 나면, 봄은 땅 아래에서만이 아니라 땅 위에서도 동시에 시작된다는 걸 알게 된다.

된장 한 숟갈, 참기름 조금, 절구에 간 참깨.
소금누룩 조금, 들기름, 통들깨 솔솔.
고추장, 매실청, 참기름 두르고 슬쩍 무치기도.
나물을 무치는 일은 참 즐겁다.
재료가 다하고 있음을 여실히 보여 주니.

겨울이면 따뜻한 국이 필요하다. 그것도 장국이어야 마음이 놓인다. 우려낸 다시 채수를 끓여 하얀 무, 양파, 뿌리채소, 곤약을 넣고 보글보글 끓인다. 무가 투명해지면 절구에 장을 풀어 넣는다. 장은 지난해 여름을 지나오며 익고 익어, 겨울의 바닥에서 비로소 제맛을 내고야 만다. 장국 한 그릇 안에는 시간과 기다림, 햇살과 바람, 그리고 내 손에서 조용히 숨 쉬던 균의 시간이 함께 담겨 있다.

몸을 녹이기보다 마음을 먼저 데우는 국물. 겨울에는 그런 국이 필요하다. 재료에 따라, 그날의 컨디션에 따라, 식단에 따라 달리 장을 사용하여 음양을 맞춘다. 주방이 작은 약국이라는 말은 괜히 있는 말이 아니다.

절기는 누가 일러 주지 않아도 몸이 먼저 알아챈다. 입맛이 바뀌고 손이 가는 식재료가 달라지며 부엌의 시간도 서서히 변한다. 그래서 밥상은 우리의 가장 가까운 절기다. 오늘 내가 무엇을 먹고 싶은가를 따라가다 보면, 계절 한가운데에 도착해 있다. 한 해가 달력으로만 흐르지 않듯 우리의 시간도 밥상 위에서 조용히 이어진다.

절기의 감각은 그렇게 음식으로, 입맛으로, 식탁 위에 살아 숨 쉰다. 그리고 그 식탁은 결국, 지금 여기서 우리가 어떤 삶을 살고 있는지를 투명하게 보여 준다.

봄이면 로컬 마트를 수시로 간다. 며칠 전에 샀던 오이순이 오늘은 없으니 부지런히 움직이는 수밖에 없다. 은은한 오이 향과 여리고 고소한 맛에 내년 봄을 기다리게 한다. 봄나물은 기다림보다 타이밍이다. 너무 일러도 안 되고 하루만 늦어도 억세다. 살아 있는 것을 먹는다는 건, 그 생명의 리듬을 내 손으로 맞추는 일이다.

오가피순(왼쪽)과 오이순(오른쪽)

토종; 오래된 익숙한 맛,
가까운 낯섦

토종 씨앗이란 무엇일까. 그저 오래된 종자를 의미하는가? 토종(土種)이란, 본디부터 그곳에서 나는 종자로 그 지역의 기후와 풍토에 오랜 시간 적응하며 자생해 온 동물, 식물, 미생물을 말한다.

모든 생명은 세월의 흐름 속에서 자연과 조화를 이루어 살아간다. 그러다 죽음으로 사라지기도 하고, 다시 땅속 일부가 되어 다른 생명의 양분이 되기도 한다. 그 생의 끝에 남겨진 씨앗은 다음 계절을 준비하는 생명의 시작이 된다. 그렇게 이어지는 생명의 흐름 속에서 토종은 강인한 유전자의 기억을 품은 채 살아남았다. 지금 손에 쥔 한 알의 씨앗 또한 그렇게 이어져 온 생명의 결과다.

그 지역의 환경에 적응해 자생한 토종 씨앗은 기후, 토

양, 환경, 다른 생명체와 상호 유기적인 관계를 유지하며 생태
계 복원에 기여한다. 획일화된 종자와 달리 유전적 다양성을
지녔기에 토종 작물은 병충해에 강하고, 건강한 생태계를 유
지하는데 큰 역할을 한다.

 '농부는 굶어 죽어도 씨앗(종자)을 베고 죽는다'는 말이
있다. 곧 작물의 시작은 씨앗이며, 씨앗은 생명의 시작이다.
그 안에는 연속성과 공동체의 미래를 품은 고귀한 책임이 담
겨 있다.

우리는 지금, 마트의 조명 아래서 계절을 가리지 않는 과일을
고르고, 어느 나라에서 왔는지 알 수 없는 포장 채소 앞에 주
저 없이 손을 뻗는 시대에 살고 있다. 식탁 위는 늘 풍성하지
만, 그 풍요가 어디서 왔는지 묻는 이는 드물다. 겉으로는 넘
치는 것 같아도 그 안에는 비워진 땅과 잊힌 씨앗, 목소리 없
는 농부들이 공존한다. 빛과 그림자가 뒤섞인 시간, 그것이 오
늘의 우리가 살아가는 현실이다.

 오늘의 식재료를 식탁에 올리고, 내일을 이야기하는 나
의 직업을 나는 다시 생각하게 되었다. 먹는 일이 삶의 전부라
고 말할 순 없지만, 먹는 일은 생명을 유지하는 가장 기본적인
일이기에 삶 전체를 흔들 수도 있는 중요한 행위가 아닐까. 그
러니 우리가 고른 식재료에 대한 알권리와 안전한 먹거리를

누릴 권리가 보장되고 있는지를 우리는 스스로 물어야 한다.

토종 씨앗이 급변하는 기후와 토양에서 살아남기 위해서는, 실제 땅에서 농부가 씨를 뿌리고 작물을 수확해 씨를 거두어 명맥을 이어 가는 전통적인 방식이 반드시 필요하다. 토종 씨앗의 보전과 보존, 복원의 기능은 자연과 농부의 손에서 시작되지만, 그 가치를 지키고 이어 가는 일은 우리 모두의 몫일지도 모른다.

계절마다 시장에 가서 식재료를 고르고, 식탁에 올려 함께 나누고 이야기를 만든다. 그것은 땅을 딛고 살아가는 모두가 함께 지켜야 할 아주 오래된 약속 같은 것이다.

2박 3일 이상의 외부 강의 일정이 있을 때면, 엄마는 한우를 사다 진한 집간장으로 간을 맞춘 고깃국을 끓여 주신다. 아직은 외부 일정의 부담으로 긴장도가 높은 나는 전날 속이 좋지 않다. 그런 나에게 엄마의 국 한 그릇은 어떠한 말보다 더 본능적이고 확실한 사랑의 표현인 것 같다.

남편과 함께 중국에 머물던 시절, 그리고 일본에서 마크로비오틱 학교를 다니며 공부하던 시간들 속에서, 나는 늘 엄마의 달걀말이와 신김치로 푹 끓인 김치찌개가 그리웠다. 때때로 시중 김을 뜯어 식사를 할 때면, 어릴 적 날김을 구워 솔로 참기름을 바르고 소금을 살짝 뿌린 엄마의 김이 떠오르기도 하였다. 타국에서의 고요한 날들에는 그런 이야기로 채운 남편과의 저녁 식사가 나에게 큰 힘이 되고는 했다.

아무래도 집밥은 그리움과 같은 모양을 하고 있는 것 같다. 익숙한 맛은 시간이 흘러도 희미해지지 않는다. 아주 사소한 순간 되살아나 오히려 더 선명해진다. 때로는 냄새로, 때로는 식감으로, 때로는 손끝으로. 집밥이라는 말은 이 시대에 그리움의 대표적인 콘텐츠가 되어 버린 것 같다.

우리의 삶에 늘 곁에 있었던 밥과 된장국, 김치, 제철 반찬. 아주 오래된 익숙한 맛이 낯선 모습의 삶 속에서도 균형을 맞추며 계절과 사람, 사람과 사람, 시절과 시대를 연결하는 언어였는지도 모르겠다.

2장

작고 단단한
우리 콩 한 줌

씨앗을 남긴 마음,
한 알의 콩이 말하는 것들

이름은 마음을 담는 그릇이다. 조상들은 토종 콩 하나를 심어도 아무렇게나 이름을 붙이지 않았다. 그 작고도 둥근 씨앗에는 원산지, 색, 크기, 농법, 계절, 농부의 생태 지식이 켜켜이 담겨 있었기에, 이름에는 그 생김과 쓰임, 자란 자리의 이야기가 스며 있다. 그래서 어떤 콩의 이름에는 그 모양새가, 어떤 이름에는 오래 전해 내려온 이야기가 담겨 있다.

콩 양옆에 묻은 검은 무늬가 마치 선비가 먹을 묻힌 손으로 콩을 집은 듯하다 하여 선비잡이콩이라 불린다. 과거 시험을 보러 가던 선비가 콩밥을 먹다 그만 시험에 늦었다는 이야기도 얹혀 있다. 껍질이 푸른빛을 띤 푸르대콩, 대추처럼 붉고 밤처럼 단맛이 나는 대추밤콩, 모양이 쥐 눈처럼 작고 단단한 쥐눈이콩, 달걀(독새기) 모양에 껍질이 푸르다는 제주 토종 콩인 푸른독새기콩, 맛이 베틀하다(감칠맛이 있다) 혹은 껍질에 가로무늬가 섬세하게 새겨져 베틀로 짜낸 천처럼 보인다 하여 지어진 충남 베틀콩. 6월에 수확되는 조생종콩 유월태, 껍질의 색과 무늬가 까치의 깃털을 닮았다 하여 붙은 까치팥, 콩의 단단한 곡면이 어금니처럼 생긴 어금니동부, 그리고 오리알태, 수박태, 가무락콩, 제비콩, 개골팥까지. 귀엽고 정겨운 이름들, 다 헤아리기엔 마음이 먼저 웃는다.

이름 하나하나는 콩의 생김새만을 기록한 것이 아니다. 그 땅에서 살아온 사람들의 눈길, 손끝, 기억이 스민 말의 흔적이다. 그것은 농부가 흙에 건네는 인사이자 생명에 대한 경외의 언어다.

콩과 작물은 땅속에서 아주 오래된 동반자와 함께 살아간다. 바로 뿌리혹박테리아*다. 눈에 보이지 않지만, 이 미생물은 콩 뿌리에 둥지를 틀고 대기 중 질소를 식물이 흡수할 수 있는 형태로 바꾸어 준다. 이 덕분에 콩은 생육에 필요한 질소의 상당 부분을 스스로 마련하며 자라난다.

* 대부분의 생물은 대기 중의 질소를 직접 이용할 수 없어 뿌리혹박테리아와 같은 질소 고정 세균의 도움을 받는다. 뿌리에 혹을 발생시킨다고 하여 붙여진 이름이다. 주로 콩과 식물의 뿌리에 공생하는 세균으로, 대기 중의 질소를 흡수해 질소화합물로 변환시킨다. 이 질소 화합물은 아미노산으로 전환되고 식물의 대사에 관여해 성장과 발달에 중요한 역할을 한다. 더불어 생태계 전체의 질소 순환에 중요한 역할을 한다.

뿌리혹박테리아라는 자그마한 존재가 콩 뿌리에 자리를 잡는 순간부터, 콩은 스스로 먹고살 힘을 갖게 된다. 그래서 콩을 기를 때는 질소 비료를 많이 주지 않아도 된다. 오히려 질소 비료가 지나치면 뿌리혹박테리아의 형성이 줄어들어 콩 스스로의 힘을 약하게 만들기도 한다. 콩 농사가 땅을 살리는 농사라 불리는 이유도 여기에 있다. 콩과 작물 가운데에서도 메주콩은 뿌리혹박테리아의 활동이 비교적 활발한 편이며, 팥은 그 활동이 다소 적은 편이다. 그래서 팥은 메주콩보다 상대적으로 거름을 조금 더 필요로 하기도 한다.

하지만 이 공생의 시간도 유한하다. 콩꽃과 팥꽃이 피기 시작하면 뿌리혹의 질소 고정 활동은 점차 줄어든다. 이후 식물은 스스로 꽃을 피우고 꼬투리를 맺으며 알곡을 여물게 하는 단계로 들어간다. 이 시기에는 작물이 필요로 하는 양분이 늘어나기 때문에 외부의 도움도 중요해진다. 이때 거름을 적절히 보충하지 않으면 꼬투리는 맺혀도 속이 빈 쭉정이로 끝나기 쉽다.

그래서 콩이나 팥을 기를 때는 파종 전에 기비*를 적절히 주고, 꽃이 피기 시작할 무렵에는 추비**를 보충해 주는 것이

● 기비(基肥): 씨를 뿌리거나 모종하기 전에 주는 거름, 밑거름.
●● 추비(追肥): 씨앗을 뿌린 뒤나 모종을 옮겨 심은 뒤에 주는 거름으로 농작물에 첫 번 거름을 준 뒤 밑거름을 보충하기 위하여 더 주는 비료
●●● 액비(液肥): 액체 상태의 거름

　　　　　　　　　　　　　　

좋다. 특히 액비●●● 형태의 거름은 작물이 흡수하기 쉬워 효과적이다. 팥꽃이 피기 시작하면 식물은 꼬투리를 맺고 알곡을 여물게 하는 단계로 들어간다. 이 시기에는 양분뿐 아니라 수분 관리도 중요해진다. 꽃이 피고 꼬투리가 익어 가는 때에 가뭄이 들면 알곡이 제대로 차지 못하고 빈 껍질만 남기기 쉽다. 그래서 개화 이후에는 일주일 간격으로 액비와 물을 함께 공급해 주면 좋다. 이렇게 양분과 수분을 꾸준히 보충해 주면 팥알이 더욱 알차고 단단하게 여무는 수확을 기대할 수 있다.

한 알의 콩은 그렇게 조용히 많은 이야기를 들려준다.

작은 씨앗은 뿌리를 내리는 방식으로 땅의 숨결을 읽고, 작물을 돌보는 사람의 손길을 기억한다. 그 작은 씨앗이 싹을 틔우고 열매를 맺는 시간 속에는, 우리가 자연과 얼마나 함께 걸을 수 있는지가 담겨 있다. 콩 한 알이 남기는 것은 수확이 아니라, 흙과 사람, 계절과 생명을 잇는 오래된 약속이다.

누군가는 돕고, 누군가는 받아들이고, 그렇게 하나의 생이 자라간다. 땅과 공기와 미생물이 함께 빚어내는 이 삶의 방식은, 우리가 잊고 지낸 오래된 공생의 언어일지도 모른다.

잘 삶아진 콩의 윤기

계절과 시간이 주는 맛
— 작은 부엌에서 빚은 토종 콩 미소

장을 빚는 일을 부엌 한편에서 이루어지는 시간의 기록이라 여긴다. 콩 한 줌을 손바닥에 올려놓고, 그 속에서 티끌을 골라낸다. 이 작은 콩들이 얼마나 먼 시간을 건너왔는지 생각하게 된다.

고른 콩은 흐르는 물에 알알이 씻어 내고 맑은 물에 콩을 하룻밤 담가 놓는다. 다음 날, 물을 머금고 통통해진 콩을 밥솥에 쪄낸다. 쪄 낸 콩을 손으로 으깨고, 누룩과 소금을 넣어 섞는다. 손으로 으깬 콩의 모습은 불규칙하지만, 열심히 치대다 보면 하나의 덩어리가 되어 있다. '일본 된장인 미소를 왜 토종 콩으로 담그나요?' 누군가는 이렇게 묻기도 하지만, 나에겐 너무나도 자연스러운 일이다.

좋은 장을 얻으려면 믿을 만한 장을 구매하거나 믿을 만한 친구에게 얻어 오는 방법이 있다. 하지만 그 무엇보다, 좋은 장은 직접 만들어 봐야 알 수가 있다. 내가 계절마다 토종 콩 미소 강의를 여는 것은, 모든 사람이 자기 손으로 자기 입에 맞는 장을 조금씩이라도 직접 담가 보길 바라는 마음에서다.

발효 조미료라는 큰 범주를 두고 그 안에는 된장, 간장, 미소장, 고추장 등이 있다. 일본의 미소도 한국의 된장도 아닌, 그 지역의 재료로 만든 장으로서 미소를 바라본다.

한국 된장에 비하면, 미소는 비교적 만들기 쉽다. 자연 발효가 아닌 누룩 발효를 기반으로 하기 때문에 실패 확률이 적다. 커다란 솥도, 장독대도 없이 작은 부엌에서도 충분히 장을 만들어 낼 수 있다. 그래서 나는 토종 콩을 쪘고 미소를 담그기 시작했다. 그 안에 담긴 것은 분명 이 땅의 콩과 나의 시간, 내가 먹는 장은 내 손으로 만들어 먹고자 했던 나의 소망이다. 국을 끓이고, 무를 조리고, 여름엔 오이에 살짝 얹는다. 그렇게 미소는 내 요리에서 빠질 수 없는, 가장 친한 친구가 되었다.

미소 담그기는 그저 궁금함에서 출발했지만, 점점 그것은 살아 있는 것과 함께 사는 연습이 되어 버렸다. 장은 담근다는 말보다 기른다는 말이 더 어울린다. 시간을 들여 돌보고, 날씨와 온도를 체크하고, 서서히 익어 가는 그 시간을 기다려 함께 살아가는 일이니. 누룩 속 미생물의 활동으로 콩이 익어 가는 시간은 내가 통제할 수 없는 자연의 시간이었고, 나는 곁에서 지켜보고 조용히 도와주는 존재였다. 시간이 흐르면 어김없이 미소는 익어 간다. 처음의 뽀얀 반죽은 점차 색이 어두워지고, 콩과 누룩이 섞여 하나가 된다. 무엇보다 나의 모든 감각이 계절을 기억하는 일이 즐겁다.

미소

미소는 찐 대두와 누룩, 소금을 섞어 발효시킨 발효 조미료이다. 누룩의 종류, 미소의 색 등에 따라 여러 방식으로 미소를 분류한다. 우선 쌀누룩을 넣은 코메미소, 보리누룩을 넣은 무기미소, 콩누룩을 넣은 마메미소, 현미누룩을 넣은 겐마이미소 등이 있다.

미소의 색에 따라서는 크게 백미소(시로미소), 혼합 미소(아와세미소), 적미소(아카미소)로 나뉜다.

백미소는 쌀누룩의 함량이 높다. 쌀누룩이 많이 들어가 단맛이 많고 비교적 짠맛이 덜하며 발효 기간이 짧아서 향이 짙지 않다. 발효 향이 덜하기 때문에 양식 소스나 샐러드 소스에 사용하기 부담이 없다.

혼합 미소는 두 종류 이상의 미소가 혼합된 형태로, 우리

가 흔히 마트에 가면 볼 수 있는 형태이다.

적미소는 발효와 숙성 기간이 길다. 숙성 과정에서 단백질과 당은 다양한 화학적 변화를 겪으며 마이야르 반응(Maillard reaction)이 서서히 진행된다. 마이야르 반응은 보통 높은 온도에서 활발하지만 낮은 온도에서도 천천히 일어날 수 있다. 발효 과정에서 생성된 아미노산은 감칠맛을 증가시키고, 일부는 당과 반응하여 갈색 색소인 멜라노이딘을 형성한다. 그래서 적미소는 시간이 지날수록 색이 깊어지고 풍미 또한 짙어진다. 적미소는 육류, 해산물이 들어간 미소 장국과 잘 어울리고 때때로 비건 마파두부, 비건 스튜를 만들 때 깊은 맛을 더한다.

나는 다양한 토종 콩과 누룩, 건강한 소금으로 토종 콩 미소를 담그는 일을 하고 있다. 콩의 종류마다 다른 맛의 미소가 완성되기도 하고 누룩의 종류에 따라 익숙한 한국의 된장 맛을 내기도 하며 조금은 생소하지만 감칠맛 넘치는 발효 콩장이 되기도 한다. 어쩌면 단조로운 채소 요리의 맛을 내는 데 발효 조미료만 한 것이 또 있을까라는 생각을 한다.

　발효에서 오는 맛은 인간의 영역이 아니다. 보이면서도 보이지 않는, 익은 것도 썩은 것도 아닌. 발효와 부패의 경계 그 어딘가에서 얻어지는 별미. 오직 시간과 자연이 만들어 내는 뜻밖의 선물이다.

집에서 미소 만드는 법

미소는 한 번 만드는 법을 익혀 두면 오래도록 식탁에서 쓰임이 있다. 콩과
누룩의 종류에 따라 맛과 숙성 기간은 달라지지만 만드는 기본 과정은 크게
다르지 않다.

① 　콩을 씻어 하룻밤 불린다.

② 　압력밥솥에 콩과 불린 물을 함께 넣고 삶는다.
　　중불에 올리고 벨이 울리면, 약불로 줄여 30분 내외로 삶는다.
　　삶는 시간은 콩 종류와 양에 따라 다르다.

③ 　누룩을 마른 손으로 비벼 부드럽게 풀어 준다.
　　손의 온도와 균으로 누룩의 균을 활성화하는 작업이다.

④ 　불에서 내리면 콩물 위로 콩 껍질이 떠다닌다.
　　위에 보이는 것만 가볍게 제거한다. 모두 제거할 필요는 없다.

⑤ 　채반에 밭쳐 삶은 콩과 콩물을 분리한다. 이때, 콩물은 버리지 않는다.
　　삶은 콩을 하나 집어 새끼손가락과 엄지손가락으로 눌러 본다.
　　부드럽게 뭉개져야 잘 삶아진 것이다.

⑥ 　삶은 콩을 손으로 으깬다.
　　너무 뻑뻑하면 콩물을 조금씩 넣어 가며 으깬다.

⑦ 　누룩과 천일염을 넣고 충분히 섞는다. 이때도 너무 수분이 없으면,
　　콩물을 넣는다. 콩물이 많이 들어가지 않게 주의한다.

⑧ 　잘 섞인 미소장을 동글동글 빚는다.

⑨ 　미소 저장용기 벽면에 동그랗게 빚은 장을 던져 넣는다.
　　공기층 없이 밀착시켜 보관하기 위해서다. 던져서 한 층이 완성되면,
　　다음 장을 던지기 전에 손바닥으로 꾹꾹 눌러 정리한다.

⑩ 　랩을 표면에 붙여 공기가 들어가지 않게 한다.
　　햇빛이 들지 않는 서늘한 곳에서 6개월 이상 발효시킨다.

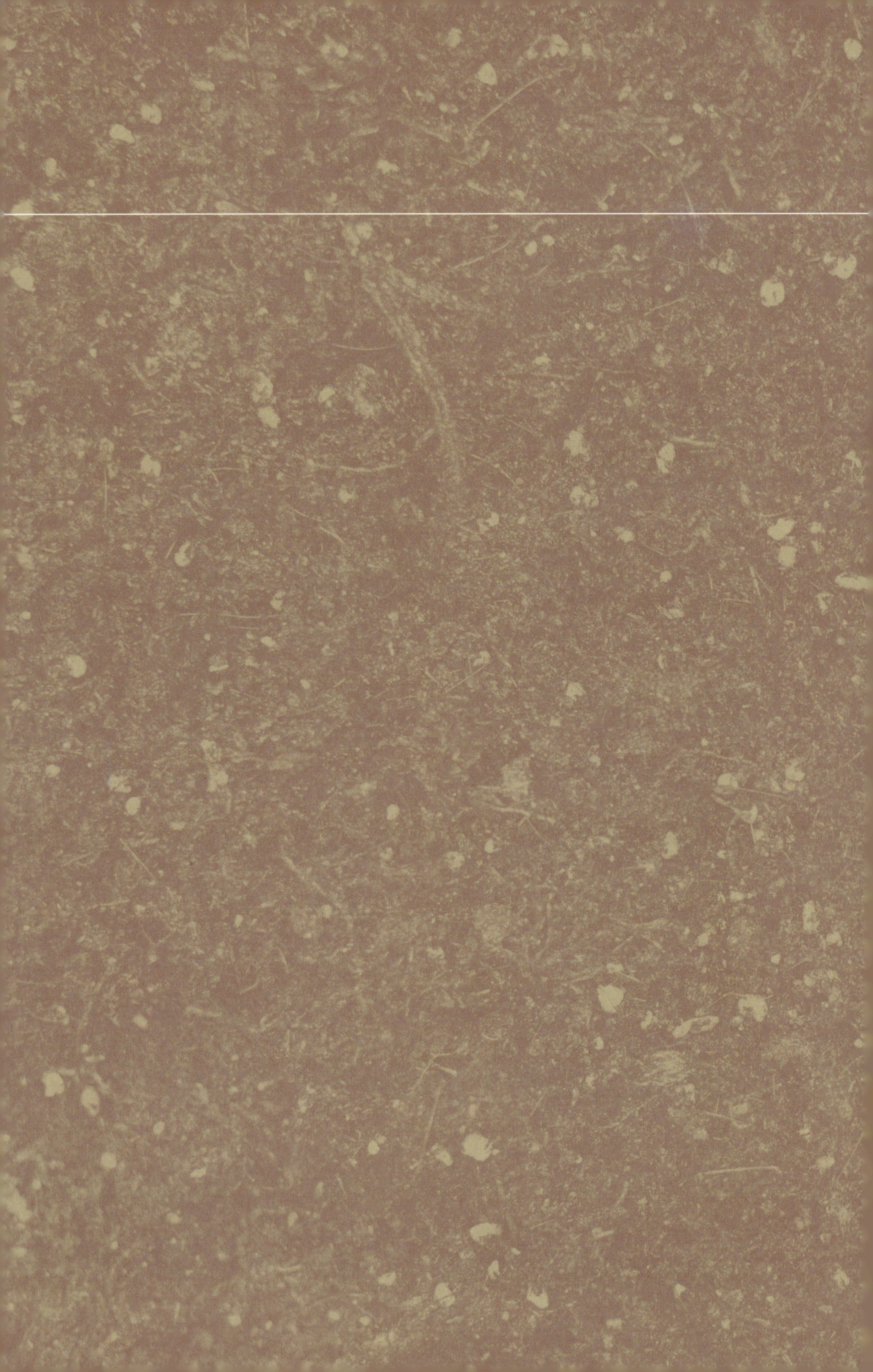

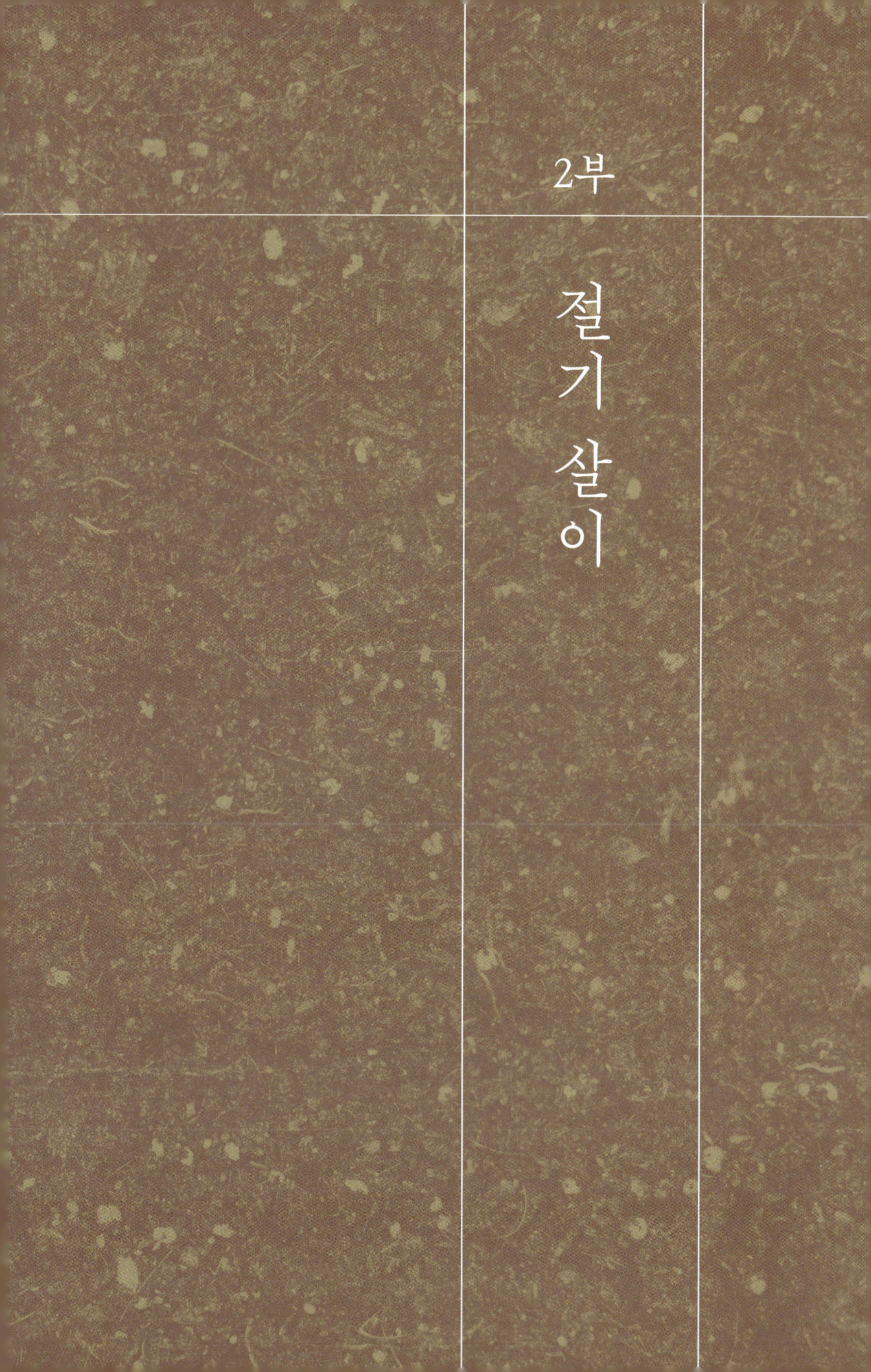

2부

절기살이

1장

봄

볕 든 자리,
냉이 한 움큼

봄은 오행 중 '목(木)'의 기운을 지니며, 하루 중 아침에 해당하는 시간과
맞닿아 있다. 상승하는 에너지의 흐름 속에서 겨우내 응축되었던 기운이
풀리며, 몸속에 쌓인 노폐물로 인해 간 기능이 일시적으로 저하되고
춘곤증이 나타나기도 한다.
봄은 속의 묵은때를 벗기고 새로운 계절을 맞을 준비를 하는 정화의
시간이다. 이 시기에는 기운을 채우고 에너지 대사를 활성화하는 식생활이
중요하다. 신맛으로 입맛을 돋우고, 겨우내 땅속에서 힘차게 움튼 봄나물로
해독과 원기 회복에 도움을 준다. 대체로 봄의 식재료는 간과 담낭의 기능을
돕고, 생명력이 깃든 기운으로 밥상에 활력을 더해 준다.

봄을 깨우는 마크로비오틱 라이프 스타일
아침을 일찍 여는 것은 상승하는 기운과 잘 어울린다. 가벼운 스트레칭이나
걷기, 산책, 가드닝과 같은 부드러운 움직임은 기혈의 흐름을 정돈하고 몸을
깨어나게 해 준다.
봄은 해독의 계절인 만큼, 집 안 정리와 환기, 불필요한 물건 비우기 등
공간의 정화 또한 내면의 흐름과도 깊이 연결된다. 감정 또한 자연스럽게
순환하도록 돕는 것이 좋다. 하루의 흐름을 계획하거나 일기를 쓰고, 음악을
듣거나 그림을 그리는 등의 예술 활동은 마음속 묵은 감정도 부드럽게
해소해 준다. 가벼운 옷차림과 밝은 색감으로 봄의 기운을 몸에 입히는 것도
일상 속 활력을 높여 준다.
봄은 시작과 성장의 계절이지만, 무리한 목표보다는 조금씩 속도감을 갖는
것이 중요하다. 조급하지 않게, 천천히 깨어나는 마음으로 하루를 열고
계절의 흐름을 따라가도록 한다.

봄의 시작

'시작'이라는 말에는 언제나 설렘과 두려움이 함께 있다. 그리고 그 말의 이면에는 어쩌면 '버텨 내기'라는 숨은 뜻이 있는 것 같다. 어쩌면 자연스러운 나의 모습일 수도, 어쩌면 스스로 만들어 낸 강박일지 모르겠다.

일주일 대부분은 스튜디오에서 보낸다. 강의가 있는 날에는 온 마음을 다해 이야기를 나누고, 강의가 없는 날에는 레시피를 정리하거나 주방 살림을 돌보며 계절이 건네는 일들을 차분히 갈무리한다. 스튜디오를 연 뒤로는 도무지 시간이 어떻게 흘렀는지 모를 만큼 바쁘게 지냈다. 강연이 많아질수록, 비워 두는 것보다 채워 두는 데 더 익숙해졌던 것 같다.

강의가 끝난 뒤 가장 자주 받는 질문은 '마크로비오틱한 삶이란 어떤 건가요?'라는 것이다. 나는 종종 이렇게 답을 건

넌다. "삶의 중심에 나를 두고 자연스럽게 살아가는 것, 그것
이 곧 모든 생명을 위하는 일입니다."

　이 책의 마지막 장을 덮는 날 스스로에게 조용히 물어보
고 싶다. 내 삶은 지금, 어디쯤 흘러가고 있는지.

유월태, 부엉다리콩, 홀애비밤콩

유월태는 한국의 재래종 콩으로, 재래종은 지역 농가에서 오랜 기간 재배된 콩을 의미한다. 잎이 부드러워 콩잎 반찬으로 즐겨 쓰인다. 조생종 품종으로 여름 초기에 수확되는 특징이 있으며, 이런 생육 주기를 반영해 유월태라는 이름이 붙었다고 전해진다.

부엉다리콩은 토종 콩 계통 중 하나다. 보악다리, 보각다리, 부악다리, 붉다리콩 등 지역에 따라 다양한 이름으로 불린다. 특히 충남 홍성 지역에서 널리 재배되어, 일부 지역에서는 '홍성대두'라는 별칭으로도 알려져 있다. 토종 콩은 지역마다 이름과 형질이 조금씩 달라 같은 계통이 여러 이름으로 전해지는 경우가 많다.

유월태(위), 부엉다리콩(중간), 홀애비밤콩(아래)

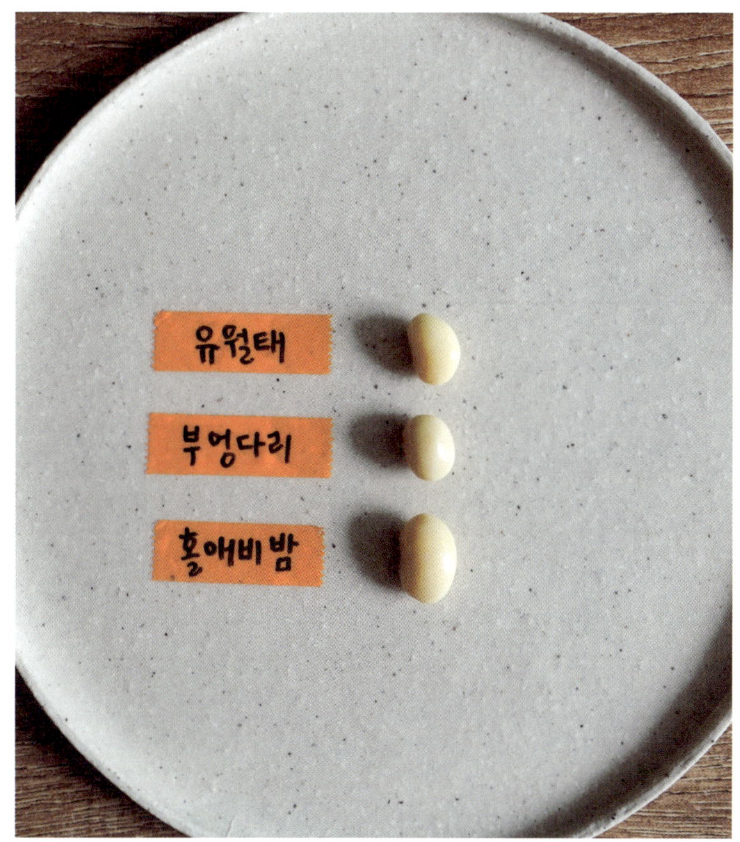

콩알 세 종류의 비교

찬물에 하룻밤 콩을 불렸다.

부엉다리콩은 계란같이 동글동글 타원형이고

유월태는 백태와 비슷하다.

홀애비밤콩은 길이가 1.8cm~2cm 정도의 크기다.

홀애비밤콩은 토종 콩 계통 중 하나로, 겉모습은 백태와 비슷하다. 밥밑콩, 즉 밥을 지을 때 함께 넣어 먹는 밤콩 계열이다. 조상들은 콩의 성질을 헤아려 한 포기씩 외롭게 심어야 잘 자란다고 여겼고, 그런 까닭에 '홀애비콩'이라는 이름이 붙었다. 또한 콩 표면 껍질이 자연스레 터져 있는 외형이 마치 홀애비 주름진 모습 같아 이 같은 이름이 전해졌다는 이야기도 있다.

유월태

향	콩물에서 저지방 우유와 비슷한 향을 낸다. 삶은 밤의 향이 난다. 옅은 옥수수 향도 올라온다
맛	콩물에서 가장 단맛이 강하고 고소한 끝맛이 있다.
특징	약간의 산미가 풍미로 느껴진다.
외형	비교적 고르고 표면이 매끈한 타원형이며 노란빛이 돈다.

부엉다리콩

향	콩을 먹어 보면 콩 향이 제일 짙다고 느껴진다. 삼키고 10초 정도 뒤에 고소한 향과 닭 육수 향이 은은하게 올라온다.
맛	삶은 서리태 향도 나는데 묘한 감칠맛이 있다.
특징	콩물에서 고소한 맛은 적으나 간이 되어 있다고 느껴질 정도로 옅은 짭짤한 맛이 있다.
외형	동그랗고 백태와 비슷하다. 연한 베이지색과 연두빛이 섞였다.

홀애비밤콩

향	콩물에서 무지방 우유와 비슷한 향을 낸다.
맛	질감이 가장 부드럽고 단맛은 없다.
특징	특유의 콩 향이 없다 콩 껍질이 제일 얇다.
외형	제일 크기가 크다. 연노랑과 옅은 갈색이 섞였다.

충남 베틀콩

수업 과제로 충남 공주를 찾은 적이 있다. 골목마다 볕이 깊게 내려앉아 있었다. 도시의 단정한 풍경과 청량한 자연, 뼈가 굵은 문화재가 고르게 섞여 조화가 깃든 도시였다.

걷다 보니 토종 곡물을 다루는 작은 가게가 보였다. 그곳에 들러 이것저것 살피다가 베틀콩이라는 이름이 눈에 걸렸다. 손바닥만 한 종이봉투에 담긴 이름 하나가 묘하게 오래된 문장처럼 마음에 남았다. 베틀콩은 충남 지역의 토종 콩으로, 베틀콩으로 밥을 지으면 향미가 고소하게 퍼져 집 나간 며느리가 돌아온다는 옛 이야기가 있다.

'베틀하다'는 충남 방언으로 맛이 진하고 감칠맛이 있다는 뜻이다. 베틀로 짠 천의 결처럼 짠맛, 단맛, 구수함이 촘촘히 얽힌 맛. 이름 하나에도 땅의 결이 스며 있다.

충남 베틀콩

향	삶을 때 구수한 향이 집 안에 가득 퍼진다. 베틀콩은 향에도 감칠맛이 돈다.
맛	깊은 고소한 맛과 촘촘한 감칠맛이 있다.
특징	질감이 쫀득하고 찰지다. 으깨면 크리미한 질감이 있다. 껍질이 백태콩에 비해 얇지는 않다.
외형	1cm가 못 미치는 크기다.

집에 돌아와 콩을 불리고 삶았다. 압력밥솥에서 증기가 새어 나오며 구수한 향이 집 안을 가득 채웠다. 그동안 콩을 삶으며 여릿한 비린 향만 느껴 왔는데, 그 향 속에도 감칠맛이 깃들어 있다는 것을 알게 되었다.

콩물 한 잔을 떠 마셨다. 짭조름하면서도 달고, 혀끝에 기름지듯 감기는 맛. 내일은 이 콩물로 비건 베이킹을 해 봐야겠다고 생각했다.

삶은 콩을 하나 집어 엄지와 새끼손가락 사이에 두고 눌러 보니 유난히 콩이 찰지다. 입안에 넣으니 고소한 기운과 함께 진한 단맛이 퍼지고 구수한 향이 응축되어 감칠맛도 이런 감칠맛이 없다. 작은 콩 한 알이 이토록 완성된 맛을 품고 있다니, 그저 놀라울 따름이다.

토종 콩에 관심을 갖기 시작하며 이런 생각이 들었다. 콩마다 생김이 다르고 맛도 다르며, 이름의 내력 또한 저마다 다르다는 것. 나는 그동안 메주콩이나 밥에 섞인 검정콩, 짜장면 위에 올라간 완두콩, 단팥빵 속 팥 정도만 알고 있었지. 이렇게나 많은 토종 콩이 사람의 손과 계절의 시간 속에서 태어나고, 또 조용히 사라져 왔다니.

문득 생각했다. 베틀콩으로 미소를 담근다면 어떤 맛이 날까. 실처럼 엮인 감칠맛이 발효 속에서 더 깊어질까. 아니면 콩 고유의 단맛이 또 다른 풍미로 피어날까.

충남 베틀콩 미소

어떤 누룩을 쓰는지에 따라 베틀콩 쌀 미소, 베틀콩 보리 미소, 베틀콩 제주 흑보리 미소를 만들 수 있다.

쌀 미소: 베틀콩 100g(불리기 전), 쌀누룩 200g, 소금 48~50g(콩의 48~50%)

보리 미소: 베틀콩 100g(불리기 전), 보리누룩 200g, 소금 48~50g(콩의 48~50%)

제주 흑보리 미소: 베틀콩 100g(불리기 전), 제주 흑보리누룩 200g, 소금 48~50g(콩의 48~50%)

① 하루 불린 콩을 압력밥솥에 넣고 콩이 잠기게 물을 부어, 30분 내외로 삶는다.

② 채반에 밭친다. (콩물은 버리지 않는다)

③ 콩을 충분히 으깨고, 손으로 비벼 깨운 누룩과 소금을 넣고 잘 섞는다.

④ 동글동글 빚고 소독한 병에 던져 빽빽하게 틈 없이 쌓는다.

⑤ 햇빛이 없는 서늘한 곳에서 쌀 미소는 6개월 이상, 보리 미소는 1년 이상 발효 숙성시킨다.

※ (37쪽 '집에서 미소 만드는 법'을 참고해 주세요)

보리누룩(왼쪽), 제주 흑보리누룩(오른쪽)

흑보리 미소 당일(왼쪽), 3개월 후(오른쪽)

3개월 후, 짠맛이 아직 부드럽지 않다. 누룩은 대부분 다 풀어졌다.

보리 미소 5개월 후

콩, 소금, 누룩. 세 가지 재료로 미소를 만든다

Tip. 베틀콩 미소의 염도와 누룩 양 조절

베틀콩은 충남 지역에서 전해 내려오는 밤콩형 토종 대두로, 삶았을 때 단단한
조직감과 은근한 찰기, 짙은 고소함이 함께 드러난다. 콩이 익어 가는 동안에는
지질과 단백질 성분이 어우러져 향기 성분이 형성되고, 이로써 베틀콩 특유의
진한 풍미가 살아난다. 이런 콩으로 미소를 담글 때는 일반 미소보다 숙성의
균형을 조금 더 세심하게 잡는다. 염도는 안정성을 위해 지나치게 낮추지 않고,
누룩은 넉넉히 써서 단맛과 감칠맛이 충분히 올라오도록 한다. 누룩의 효소는
곡물의 전분을 당으로 바꾸고 콩의 단백질을 천천히 풀어 주어, 짠맛 속에서도
단맛과 감칠맛이 고르게 스며든다.

Tip. 미소 타마리(味噌たまり)

미소의 발효와 숙성 과정에서는 표면에 호박색의 액체가 고이기도 한다. 이를
'미소 타마리'라 부른다. 발효가 진행되며 아미노산과 당, 유기산 등이 녹아들어
간장처럼 짙은 감칠맛을 지닌다. 장기 숙성된 미소에서 드물게 생기며 많은
양이 얻어지지는 않는다. 미소 타마리는 공기와의 접촉을 줄여 산화를 늦추고
곰팡이가 생기기 어려운 환경을 만든다.

작년에 담그고 잊고 있던 쌀 미소를 열어 윗부분을 걷어 내니,
노-오랗게 익은 장이 나온다.
구수한 향이 올라오면 풋고추를 푹 찍어 먹고 싶은 마음이 든다.

토종 콩이 알려 준 삶의 연대

사람은 각자 다른 이유로 식재료를 선택한다. 어떤 사람은 건강을 위해, 어떤 사람은 신념이나 종교적 이유로 식탁 위의 무언가를 고른다. 그러나 때때로 그 선택의 배경에는 말로 다 표현되지 않는 가치와 책임감이 놓여 있다. 그것은 눈에 보이지 않지만 분명 존재하는, 삶의 방향을 가늠하는 내면의 기준들이다.

콩 한 줌을 손에 쥐었을 때 나는 그런 것들을 떠올린다. 그저 먹기 위한 것이 아닌, 어떤 삶을 살아가고 싶은지에 대한 조용한 질문처럼 느껴지기 때문이다.

우리가 살아가는 세상에는 '환경적 책임감'이라는 말이 있고, 또 '생태적 책임감'이라는 말이 있다. 비슷해 보이는 두 단어지만 그 중심에 놓인 시선은 조금 다르다.

환경이라는 개념은 주로 인간이 살아가는 환경을 보호하고 지속 가능하게 유지하려는 관점에서 사용된다. 우리가 사용하는 자원을 보전하고 미래 세대의 삶을 고려하는 책임의 의미가 강하다.

반면 생태라는 개념은 인간을 포함한 모든 생명과 그 관계를 주목한다. 사람, 동물, 식물, 곤충, 미생물까지 서로 얽혀 있는 생명의 그물 속에서 어느 하나만 따로 존재할 수 없다는 인식에서 출발한다. 모든 생명은 각각 생태계의 일부일 뿐, 서로 상생하고 상쇄하며 함께 숨 쉬고, 함께 사라질 수 있는 존재라는 걸 인정하고 인식해야 한다.

지구 위에 생명은 서로 경쟁하기보다 관계 속에서 균형을 이루며 살아간다. 토종 콩을 들여다보면 그 안에 이런 생태의 감각이 숨어 있다. 균일하지 않은 크기와 얼룩진 껍질, 한 알 한 알 다른 모양은 오랜 시간 한 지역의 흙과 기후 속에서 적응하며 이어져 온 흔적이다. 누군가가 해마다 씨를 받아 이어 온 생명, 밭과 사람, 시간이 함께 만들어 온 조용한 협업의 결과이기도 하다.

해마다 씨를 받아 다음 해를 준비하고 흙과 날씨, 손의 기억을 따라 자라 온 생명. 어떤 이는 그것을 농작물이라 부르지만, 어떤 이는 그것을 시간이라 부른다. 나는 그것을 이음이라 부른다.

씨앗 하나가 이어 온 계절들, 그 안에 담긴 사람들의 손과 마음이 오늘의 밥상을 지탱하고 있다. 그 생각은 오늘도 식탁 앞에서 내가 어떤 삶을 살아가고 싶은지를 떠올리게 하였다.

콜리플라워 찹쌀 수프

재료

콜리플라워 300g, 찹쌀 50g, 소금 1g, 물 400ml

① 찹쌀을 씻어 밥을 짓는다.

② 콜리플라워를 씻어 냄비에 담아 물을 채워 뚜껑을 닫고 삶는다.

③ 콜리플라워가 부드럽게 삶아지면 불에서 내린다.

④ 삶은 콜리플라워, 찹쌀밥, 소금, 삶은 물을 믹서기에 담아
부드럽게 갈아 준다. 이때 물은 한번에 넣고 갈지 않고 되기를 보면서
갈아 준다.

비가 내리고 싹이 튼다.
눈이 녹아 비가 된다는 말로,
봄기운이 돌고 초목이 싹튼다.

백태

겉은 연노랗고 속은 유백색이다. 고운 단맛을 지닌 백태는 유
난한 맛은 아니지만, 깊고 단단한 맛을 품고 자라는 콩이다.

	백태
향	은은한 대두 특유의 비린 향이 난다. 볶은 보리차나 강냉이처럼 구수한 향. 푹 익힐수록 단 향이 더 난다.
맛	찰진 식감, 깔끔하고 은은한 단맛, 뒤이어 오는 감칠맛이 있다.
특징	흰 껍질콩(白太). 토종과 개량종을 포함해 다양하게 분포되어 있다. 된장, 두부, 콩국수 등 폭넓게 사용하는 기본 콩이다.
외형	납작한 달걀 모양이다. 타원형으로 동글동글하다.

백태 보리 미소

토종 콩 300g, 보리누룩 300g, 소금 114~120g(콩의 38~40%)

①   하루 불린 콩을 압력밥솥에 넣고 콩이 잠기게 물을 부어,
    30분 내외로 삶는다.

②   채반에 밭친다. (콩물은 버리지 않는다)

③   콩을 충분히 으깨고, 손으로 비벼 깨운 누룩과 소금을 넣고 잘 섞는다.

④   동글동글 빚고 소독한 병에 던져 빽빽하게 틈 없이 쌓는다.

⑤   햇빛이 없는 서늘한 곳에서 6개월 이상 발효 숙성시킨다.

※   (37쪽 '미소 만드는 방법'을 참고해 주세요)

6개월 발효차에 흰 막(Kalm yeast)이 생겼다. 가볍게 제거해 주었다.
콩과 보리가 다 뭉개졌다. 첫 향에 식빵 향이 스친다.
건어물을 간장에 조린듯한 풍미와 콩자반의 향도 느껴진다.
코로 향을 깊게 맡아 보면 바짝 졸은 포도잼의 향도 난다. 부드러운 짠맛이
나고 보리의 잔향이 남는다.
맛, 향, 외관으로 보았을 때, 발효가 조금 더 필요해 보인다.

미소 파우더

미소

① 미소를 접시에 넓게 편다.

② 건조기를 이용해 40도에서 3일 이상 말린다.

③ 바로 분쇄하지 않고 냉동실에 얼린다. 겉이 더 바삭해져서 분쇄가
편하다.

④ 곱게 갈아 체에 내린다.

⑤ 고운 가루만 담아 사용한다.

⑥ 냉장고에 두고 사용한다.

Tip.

체 위에 남은 미소도 냉장고에 두고, 장국을 끓일 때 사용한다. 미소 파우더는
장국보다는 밥에 간을 할 때, 사용하면 소금보다 감칠맛이 좋다.

밥 위에 솔솔

찐 채소 위에 솔솔

버터에 섞어, 미소 버터

미소 파우더는

우마미*를 지나

코쿠미**에 닿는다.

● 우마미(Umami)는 다시마의 글루탐산, 건표고의 구아닐산, 가쓰오부시의
이노신산처럼 아미노산과 핵산 성분에서 비롯되어 혀에서 감칠맛으로 느껴진다.
●● 코쿠미(Kokumi)는 기본 맛은 아니지만 풍미의 깊이와 지속성을 더하는 맛의
속성이다. 발효된 미소나 숙성된 간장, 치즈 등에서 느껴지며 우마미를 더욱
풍부하고 깊게 느끼게 한다.

우무묵 콩물국수

재료

불린 콩, 소금, 우무묵 200g, 오이 1/3

①   불린 콩을 냄비에 담고 물을 채워 불에 올린다.

②   콩을 부드럽게 삶아 준다.

③   콩과 콩물을 믹서기에 부드럽게 갈아 준다.

④   우무묵을 얇게 썰어 준다.

⑤   면기에 우무묵을 담고 콩물을 적당량 부어 준다.

⑥   오이채를 올려 마무리한다.

⑦   소금 간을 해서 먹는다.

시원한 콩물 라떼

재료

콩물, 마스코바도 설탕, 인스턴트 커피 2봉, 얼음

① 인스턴트 커피를 뜨거운 물 소량에 녹인다.

② 마스코바도 설탕을 적당량 넣어 함께 녹인다.

③ 컵에 얼음을 담고 콩물을 컵의 2/3쯤 채운다.

④ 녹인 인스턴트 커피를 부어 준다.

오늘의 식탁 1

미소 솔솔 주먹밥

자투리 채소 미소 장국

낫또 계란말이

우메보시

요즘 나는 우보농장의 백팔미(百八米)를 사용하고 있다. 108가지 이상의 토종 쌀 품종을 블랜딩한 쌀이다. 저마다의 풍미와 모습을 지닌 쌀들로, 멥쌀 현미와 멥쌀 백미, 찹쌀 현미와 찹쌀 백미, 유색미가 혼합되어 단일 품종에서는 맛보기 힘든 다양한 풍미의 밥맛을 경험할 수 있다. 무엇보다 난 이러한 생산자의 마음이 정말 좋다.

백팔미로 지은 밥을 뭉쳐 주먹밥을 만들고 미소 파우더를 솔솔 뿌린다. 낫토를 넣어 말은 계란말이와 지난 여름에 담근 우메보시도 함께 담는다.

수업이 없는 날에는 냉장고 정리를 한다. 몽당몽당 자투리 채소가 모아져 있다. 모두 다져 볶음밥이나 죽을 끓여도 좋고 토마토 소스와 섞어 파스타 소스를 만들어도 좋다.

그것보다 가장 간편하게 자투리 채소를 전부 쓸 수 있는 건 장국이다. 장국만큼 요리 실력을 들키지 않고 무난하게 완성되는 음식도 없을 거다. 봄에는 봄동이나 냉이, 여름에는 토마토나 가지, 가을에는 뿌리채소, 겨울에는 무를 넣고 끓이는 장국을 좋아한다.

무엇보다 난 내가 만든 토종 콩 미소가 가장 맛있다. 미소만 넣기 심심하다면 한국 된장을 약간 섞어도 좋다.

자투리 채소 미소 장국

재료

당근, 단호박, 청경채, 불린 표고, 미소

① 당근, 단호박, 청경채, 불린 표고를 적당히 자른다.

② 채수를 끓인다.

③ 보글보글 끓으면 손질한 채소를 모두 넣는다.

④ 채소가 반투명해지면 불을 줄이고 절구에 미소를 풀어 준다.

⑤ 풀어 놓은 미소를 채수에 넣고 섞어 끓인다.

⑥ 뚜껑은 반쯤 닫고 약불에서 3분 끓여 완성한다.

개구리가 잠에서 깬다.
모든 생명이 겨울잠을 깨고
본격적인 농사를 준비한다.

맛있는 현미밥

눈이 녹고 만물이 꿈틀거리지만 나는 아직 몸이 완전히 깨어 난 것 같지가 않다.

이런 시기에도 접시에 담긴 음식은 참 솔직해서 나를 훤히 비춘다. 스트레스가 많은 날에는 맛에도 날이 서 있고 기쁜 날에는 맛에도 행복이 녹아 있는지 부드럽다. 음양의 에너지로 음식을 채우는 마크로비오틱 식생활에서는 나의 마음가짐이 아주 중요하다는 의미다.

생명을 위해서 생명을 귀하게 담아내고 다루는 것, 생명으로 시작해 생명으로 마무리하는 것. 주방에서만큼은 누구보다 다정해지는 것이 좋겠다.

현미밥을 짓는 시간은 몸과 마음을 천천히 데우는 시간이다.

현미밥 짓는 법

정성스럽게 현미를 골라낸다

먼저, 현미의 티끌을 골라낸다. 쌀알 하나하나를 살피는 그 순간부터 이미 밥 짓기는 시작된다.

리마 스쿨에서 머리를 맞대고 손에 면보를 하나씩 쥔 채 함께 쌀알을 고르던 시간이 떠오른다. 정성과 집중에는 소리가 없지만, 모두가 다정한 템포를 공유하고 있었다. 말없이 흐르던 고요한 리듬이 손끝에 번지고, 마음에 스며들었다. 그때의 마음으로, 지금도 나는 현미밥을 짓는다.

나는 늘 현미를 조심스레 다룬다. 물에 담가 두면 발아하는 현미는 생명을 품은 곡식이다. 그래서 거칠게 문지르지 않고, 살살 헹구며 묵은 먼지를 벗겨 낸다. 맑아진 현미를 솥에 담고 약불에서 조용히 30분 끓이며 천천히 불린다.

　뚜껑을 닫아 불의 세기를 올려 압을 채우고 보글보글 끓으면, 약불로 줄여 30분 이상 밥을 짓는다. 불을 끄고도 10분간 뜸을 들이면 속까지 고르게 익은 부드러운 생명의 밥이 완성된다. 입안 가득 퍼지는 구수함과 현미의 은은한 단맛을 느끼며, 오늘 내가 얼마나 다정한 마음으로 주방에 머물렀는지 비로소 알게 된다.

소량의 소금을 넣으면, 양질의 미네랄 섭취와 현미의 당을 끌어올리고
음성으로 치우친 몸을 양성의 에너지를 채우는 데 도움을 준다

약불로 30분 끓여 뚜껑 닫고 압을 채우고 느긋하게 밥을 짓는다

뜸을 들인 밥을 4등분해 조금씩 섞는다

공평한 밥상, 숭늉 한 모금

밥을 다 짓고 난 뒤, 솥에 눌어붙은 누룽지를 긁어 숭늉을 끓여 함께 나누어 마시는 시간. 리마 스쿨에서는 이 마지막 한 모금까지 모두 공평히 나누곤 했다.

불에 직접 닿아 눌어붙은 누룽지는 가장 강한 불의 기운을 머금은, 양성의 에너지가 응축된 부분이다. 뜨거운 불에서 길어 올린 숭늉은 밥보다 더 깊고 따뜻한 기운을 품고 있어 몸을 데우고 속을 단단히 채워 준다. 이 에너지를 우리는 공평하게 나누어 마시며 일물전체한다.

밥 짓기의 시작부터 끝까지, 쌀 한 톨도 남김없이 먹는다는 것은 자연이 준 모든 에너지를 허투루 여기지 않고, 생명을 끝까지 온전히 받아들이는 존중의 태도이다.

ごちそうさまでした- (잘 먹었습니다).

외할머니표 샌드위치

어릴 적 기억을 더듬어 보면, 외할머니께서 해 주시던 간식이 떠오른다. 그 중에서도 집청 시럽에 담그지 않은, 담백한 타래 과는 어디에서도 같은 맛을 찾을 수 없는 오래도록 그리운 맛 이다. 더 이상 물어볼 곳이 없는 레시피는 그 사람에 대한 그 리움도 더 깊어지게 하는 것 같다.

사람은 누구나 음식에 얽힌 따뜻한 기억 하나쯤을 가지 고 있다. 혹시 없다고 느껴진다면, 조용히 앉아 마음속을 천천 히 더듬어 보면 순간의 한 조각쯤은 반드시 떠오를 것이다.

가끔 엄마는 외할머니가 만들어 주시던 음식 이야기를 들려주시곤 한다. 그 중의 하나가 콩나물 샌드위치다. 삶은 콩 나물에 마요네즈를 살짝 섞어, 식빵 사이에 넣어 만든 간단한 샌드위치. 아삭아삭한 콩나물 줄기, 고소한 콩나물 머리, 폭신

한 식빵. 의외로 꽤 근사한 샌드위치가 완성된다.

누군가 나에게 사람은 추억으로 산다는 이야기를 해 준 적이 있다. 음식을 할 때면, 그 말이 자주 떠오른다. 음식에 얽힌 좋은 기억은 머리와 눈, 코, 손, 입을 모두 스쳐 지나가기 때문일까.

그 맛은 시간이 지나도 문득문득 선명하게 떠오른다.

'참 귀한' 채소. 귀하다는 말은 품귀나 가치의 척도가 아니라,
존중의 마음이 담긴 것이다. 마트에서 흔히 볼 수 있는 콩나물
한 줌에도, 우리가 미처 챙기지 못 한 시간과 손길, 자연의
리듬이 깃들어 있다는 사실을 우리는 얼마나 자주 떠올릴까.

콩나물 샌드위치

재료

콩나물 100g, 식빵 2장, 미소 마요네즈 5T, 후추, 홀그레인 머스터드 1t

①　콩나물을 씻어 가볍게 데친다.

②　면보에 올려 가볍게 물기를 제거한다.

③　미소 마요네즈, 후추, 홀그레인 머스터드를 넣고 섞는다.

④　식빵 사이에 넣어 샌드한다.

Tip. 미소 마요네즈는 91쪽을 참고한다.

미소 마요네즈

내가 사랑하는 소스. 이것만 있으면 브런치 식탁도 문제없다. 이 부드러움과
조금 들어간 미소의 감칠맛. 발효가 주는 맛있는 감동이다.

재료

두부 150g, 올리브오일 25g, 미소 1t, 소금 2g, 원당 3g, 식초 1t

① 두부를 면보에 감싸 물기를 제거한다.

② 두부, 올리브오일, 미소, 소금, 원당, 식초를 믹서기에 담아
부드럽게 갈아 준다.

③ 냉장 보관 7일 가능하다.

낮과 밤의 길이가 같아질 때

낮과 밤이 나란한 날. 낮이 서서히 길어지기 시작한다. 태양이 적도를 지나며 빛을 고르게 나누어 주는 날이다. 음양이 서로 반을 이루듯 낮과 밤의 길이가 거의 같아진다. 겨울 동안 움츠렸던 땅과 생명도 조금씩 몸을 풀기 시작한다.

빛이 늘어난 만큼 사람의 하루도 조금 더 가벼워진다. 얇은 외투를 꺼내 입고 초록을 바라본다. 두 발이 나란히 봄의 중심으로 걸어 간다.

오늘의 식탁 2

"맛보다는 기능이 먼저였던 것 같아요.

이 사람의 하루 중 한 끼를 책임진다."

— 에드워드리의 컨츄리쿡 중 고아성님의 말

부추를 다지는데 반갑도록 익숙한 향이 코끝에 닿으며 '봄이 시작됐어!'라고 말해 준다. 사실 나는 평소 향이 있는 것들을 즐기지 않지만 봄에는 산과 들에 지천으로 깔린 이 고운 생명들을 몸에 담아야 한다.

찐 곰취에 현미밥, 미소장을 넣고 곱게 쌈을 싸서 입안에 넣는데 이 반가운 향은 무엇일까. 일렁이듯, 그러나 잔잔하게 다가오는 이 계절의 기운을 느린 호흡으로 접시 위에 담고 싶다.

곰취에 밥 한 숟갈, 미소 조금.
준비한 재료를 모두 다진다.
부추를 송송 곱게 다진다.
마늘과 생강을 참참 곱게 다진다.
미소를 넣고 섞는다.

봄 양배추 미소 장국

재료

양배추, 미소, 다시마, 깨 조금

---

①　다시마를 넣고 채수를 끓인다.

②　적당한 크기로 썬 양배추를 넣는다.

③　양배추가 반투명해지면, 미소를 절구에 부드럽게 풀어 채수에
넣는다. 2분 정도 끓여 그릇에 담는다.

④　간 깨를 올린다.

마늘 생강 부추 미소

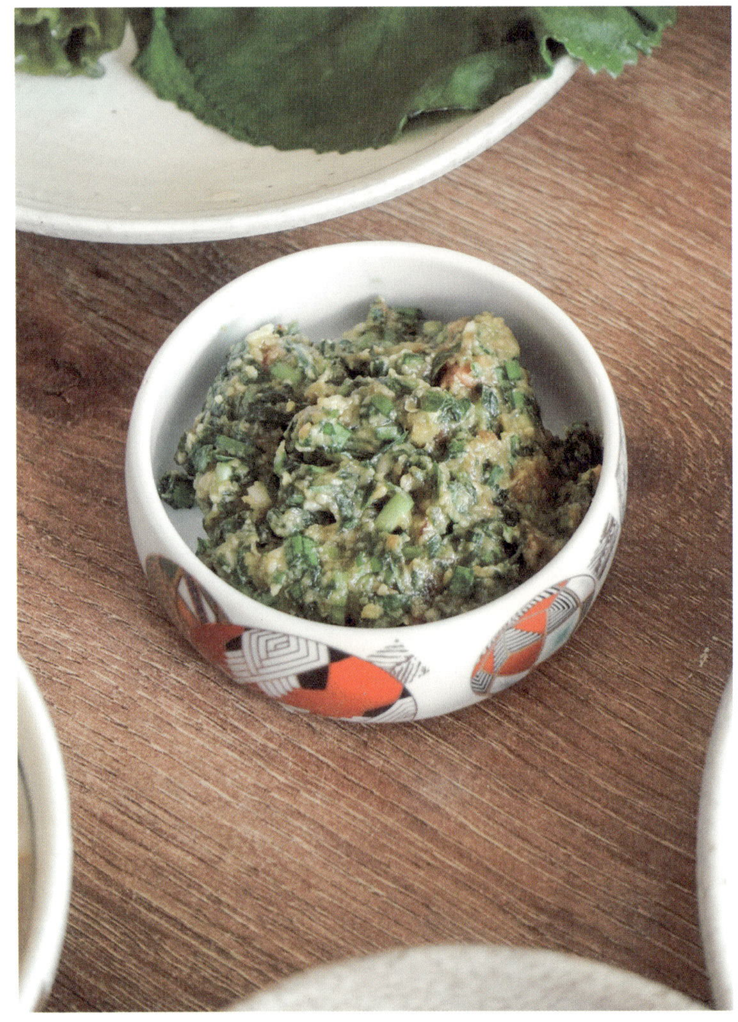

재료

부추 45g, 마늘 5g, 생강 5g, 미소 70g

① 　부추와 마늘, 생강을 곱게 다진다.

② 　볼에 담아 미소와 섞는다.

봄 농사를 준비한다.
청명에 날씨가 좋으면
그해 농사가 잘 되고
어획량이 증가한다고 점친다.

레몬수와 우엉잎

이 시기 탄산을 좋아하지 않는 나로서는 생수에 레몬즙을 짜서 얼음 몇 개 띄운 레몬수가 레모네이드보다 입맛에 잘 맞는다. 아침에 일어나서 곧장 레몬수를 제조해 한 컵 마시면 그 청량감과 상큼함에 오늘 하루도 좋은 일이 일어날 것 같은 싱그러운 기대감이 든다.

레몬즙을 짜는 수고로움이 부담스럽다면 레몬을 슬라이스해 냉동실에 그대로 얼려 보관한다. 생수에 서너 쪽 띄워서 먹으면 은은한 레몬 향이 좋다.

책임은 모든 생산자에게 있다는 생각이 든다. 누군가는 씨앗을 키워 작물을 생산했다면 누군가는 작물을 식탁 위로 올려 오늘의 양식을 생산한 것이다.

4월에 우엉잎 1kg을 받아 데쳐서 냉동실에 보관했다. 호박잎과 다르게, 우엉잎은 약간은 질긴 식감이 있다.

　사람도 저마다 다른 목소리를 내고 다른 손짓을 하듯 흙에서 자랐다고 하여 다 같은 잎이 아니고 다 같은 초록이 아니다. 결마다 품은 결심이 다르다.

제주
독새기콩

제주 독새기콩	
향	콩을 삶을 때 구수한 향이 먼저 올라온다. 끝에는 지릿하게 남는 깊은 향이 따라 온다.
맛	백태와 비슷한 맛을 내지만 조금 더 단맛이 있다. 콩 비린맛은 덜하고 가벼운 맛이 있다.
특징	질감이 쫀득하고 찰지다. 으깨면 크리미한 질감이 있다. 미소를 담그기에 적합해 보이고 백태와 같이 껍질이 얇다.
외형	연한 연두빛 콩으로 0.8×1cm 정도 크기다. 백태보다 조금 작다.

제주 독새기콩 쌀 미소

제주 독새기콩 100g(불리기 전), 쌀누룩 100g, 소금 38~40g (콩의 38~40%)

① 하루 불린 콩을 압력밥솥에 넣고 콩이 잠기게 물을 부어, 30분 내외로 삶는다.

② 채반에 밭친다. (콩물은 버리지 않는다)

③ 콩을 충분히 으깨고, 손으로 비벼 깨운 누룩과 소금을 넣고 잘 섞는다.

④ 동글동글 빚고 소독한 병에 던져 빽빽하게 틈 없이 쌓는다.

⑤ 햇빛이 없는 서늘한 곳에서 6개월 이상 발효 숙성시킨다.

※ (37쪽 '집에서 미소 만드는 법'을 참고해 주세요)

채소 미소 물회

미소로 간을 맞춘 시원한 채소 물회. 물회 국물을 1인분씩 얼려 두면 더운 날 허기진 순간마다, 마음까지 쨍하게 맑아진다.

가지, 깻잎, 오이, 당근, 파프리카, 우무묵, 소면
* 물회 국물: 토마토 100g, 배 150g, 사과 120g, 양파 40g, 파프리카 50g, 생강 3g, 소금 1t, 미소 2T, 물 500ml, 참기름

① 토마토, 배, 사과, 양파, 파프리카, 생강, 소금, 미소, 물을 곱게 갈아 준다.

② 면보에 걸러 국물만 사용한다. 완성한 물회 국물은 살짝 얼려 둔다.

③ 채소를 손질한다.

④ 가지를 찜기에 5~6분 찌고 얼음물에 담가 열기를 식힌다.

⑤ 가지가 식으면 쭉쭉 찢어, 면보에 감싸 둔다.

⑥ 깻잎과 당근, 파프리카를 채 썬다.

⑦ 오이는 반달모양으로 썰어 가볍게 절이고 물기를 제거한다.

⑧ 우무묵을 채 썬다.

⑨ 접시에 삶은 소면, 손질한 채소를 담고 살얼음이 얇게 낀 물회 국물을 부어 준다.

농사비가 내린다.
봄비가 내려 백곡을 기름지게 한다.
본격적인 농사철의 시작이다.

빵이 있는 식탁

월인정원의 '햇피칸과 친구들 햇통밀 천연효모빵',

발효 적양배추 늘보리 샐러드와 생토마토,

미소로 만든 발효 두부 치즈와 올리브,

꼬마 고구마 백간장 조림,

연남동 카페 일기의 바질페스토.

내가 좋아하는 것들이 한 접시에 모두 담겼다. 모두 내 주방에서 만들어진 것들과 직접 구매한 괜찮은 식료품 몇 가지. 월인정원의 천연효모빵과 연남동 카페 일기의 바질페스토는 언제 먹어도 정말 맛있다.

쉬는 날 스튜디오에 나와 차린 늦은 점심. 나를 위한 근사한 식탁이다.

부엉다리콩 쌀 미소

재료

부엉다리콩 300g, 쌀누룩 300g, 소금 114g (콩과 누룩 무게의 38%)

①   하루 불린 콩을 압력밥솥에 넣고 콩이 잠기게 물을 부어, 30분 내외로
    삶는다.

②   채반에 밭친다. (콩물은 버리지 않는다)

③   콩을 충분히 으깨고, 손으로 비벼 깨운 누룩과 소금을 넣고 잘 섞는다.

④   동글동글 빚고 소독한 병에 던져 빽빽하게 틈 없이 쌓는다.

⑤   햇빛이 없는 서늘한 곳에서 쌀 미소는 6개월 이상 발효 숙성시킨다.

※   (37쪽 '집에서 미소 만드는 법'을 참고해 주세요)

두부 치즈

잔다리 두부 1팩, 미소 3T , 조청 1/2T, 올리브오일 적당량

① 두부를 면보로 감싸 물기를 제거한다.

② 미소와 조청을 절구에 부드럽게 갈아 준다.

③ 얇은 면보로 감싸 된장을 바른다.

④ 냉장고에 두고 10일 정도 발효 숙성시킨다.

⑤ 미소를 조금 더 두껍게 발라 1~2개월 정도 숙성시켜도 좋다.
   숙성 기간에 따라 풍미가 달라지므로 취향에 맞게 기간을 조절해
   발효시킨다.

⑥ 면보와 된장을 제거한 뒤 그대로 잘라 먹거나, 오일을 넣어
   부드럽게 갈아 크림치즈처럼 만든다. 보관할 때는 표면이 잠기도록
   올리브오일을 부어 보관한다.

두 달 뒤에 천을 벗겨 낸 모습

과숙성 된 표면은 0.5~1cm 정도로 두껍게 잘라낸다. 그러면 크림치즈처럼
부드럽게 숙성된 발효 두부를 만나게 된다.

2장
여름

손끝에 남은
발효 향,
발끝에 남은 흙

5월 ⌘ 입하, 소만
6월 ⌘ 망종, 하지
7월 ⌘ 소서, 대서

夏

여름은 오행 중 화(火)의 에너지를 지니며, 하루 중에서는 가장 밝고 왕성한
정오의 시간에 해당한다. 기운은 사방으로 확산되며, 활동성과 발산이
절정을 이루는 계절이다.
태양 아래에서 땀을 많이 흘리게 되므로 수분과 미네랄 보충이 중요하며,
체내 열을 가볍게 식혀 줄 음식이 필요하다. 향이 진한 채소나 허브, 약간의
매운맛이나 쓴맛은 몸의 열을 분산하는 데 도움을 준다. 수분이 풍부하고
시원한 기운을 지닌 채소는 심장과 소장의 기능을 돕는다.
여름에는 조리 시간을 가능한 짧게 해 가볍게 익힌 채소를 즐기거나
생채소도 적당히 곁들인다. 너무 뜨겁지도 차갑지도 않게 조리해 먹는다.

여름을 지키는 마크로비오틱 라이프 스타일
여름은 여름은 활동적인 계절이지만, 기운이 빠져나가기 쉬운 시기이기도
하다. 오전에는 햇볕 아래서 걷거나 가볍게 땀을 흘릴 수 있는 활동이
좋지만, 정오 이후에는 휴식을 통해 기운을 가라앉히는 것이 필요하다. 기가
과도하게 소진되지 않도록, 한낮에는 무리한 일정보다는 여백을 남기는
생활 리듬이 이상적이다. 바깥으로 발산되는 기운을 따라 흐르고, 중심을
지켜내자.
여름은 물과 친해지기 좋은 시기이다. 수분을 머금은 식물들과 함께하는
것만으로도 열을 낮추고 발을 물에 담그거나 물청소를 하는 것도 기분을
맑게 해 준다.
얇은 커튼, 자연광, 여백 있는 구조로 공간을 정돈해 빛과 공기, 기운의
흐름을 부드럽게 한다.

여름의 문을 열고

여름에는 풋콩이 나오는 제철을 제외하고는 미소를 담그지 않는다. 고온 다습한 환경에서는 미생물의 번식이 지나치게 빨라 자칫 부패되기 때문이다.

여름 부엌은 무리한 발효보다는, 싱싱한 제철 식재료를 그대로 즐기며 계절을 통과하는 방식을 택한다. 지금 이 계절에 가장 잘 어울리는 재료를 손에 쥐고, 불 앞에서 오래 서지 않고도 가능한 조리. 혹은 절임과 말림 같은 단순하고 명료한 보존법으로 여름을 머물게 한다. 그리고 무엇보다 달달한 스위츠도 빠질 수 없다.

여름의 문턱에 서면 공기는 낮은 곳으로 흘러내리며 무겁게 숨을 쉰다. 빛은 조금 더 오래 머물고, 바람은 느리게 흔들린다. 손끝에 닿는 질감부터 달라져, 부엌의 온도까지 한결 느려진다. 이렇게 더운 날들이 이어지면 자연스레 오븐 앞에 서는 일이 줄어든다. 베이킹은 온도와 습도에 민감한 일이라 여름에는 쉽지 않은 일이다. 조금만 움직여도 땀이 맺히고, 반죽은 공기의 변화를 금세 따라간다.

무엇을 굽기보다, 투명한 유리볼에 담긴 차가운 푸딩이 더 어울리는 계절이다. 밀가루와 오일을 손으로 비비고 반죽을 치대고, 휘핑기로 크림을 올리는 일들을 생각하다 보면 맛있는 빵집에 가서 사 먹는 일이 조금 더 현명한 일이긴 한 것 같다.

그럼에도 로컬 마트에 들어서면 진열대 가득한 여름 작물들을 지나치지 못 하고 모두 담아 온다. 집에 오는 길에 밀가루 폴폴 날리며, 달콤한 케이크나 쿠키를 만드는 일을 상상하게 된다. 감자와 옥수수, 구수한 햇밀, 완두콩, 블루베리, 매실, 참외의 각자의 향으로 계절을 말한다.

감자와 옥수수를 볶아 아몬드 크림을 채운 감자 옥수수 갈레트,
자두 콩포트로 만든 파이,
참외 껍질 콩피를 올린 참외 셔벗,
우메보시 크림을 샌드한 붓세,
생블루베리를 곁들인 시라타마 후르츠 안미츠.

잘 구워 낸 스위츠를 식탁 위에 올릴 때, 한 조각에 올려진 계절의 모습을 보며 기쁨을 마주한다.

여름은 참으로 풍요로운 계절이다. 그 풍요는 마음까지 바쁘게 만들지만. 그래서 더 소중히 다루고 싶은지 모르겠다. 계절의 모든 향과 색이 천천히 한데 어우러지는 여름의 부엌을 사랑한다.

감자 옥수수 갈레트(위)와 자두 콩포트 파이(아래)

참외 껍질 콩피를 올린 참외 셔벗

우메보시 크림 붓세

124

시라타마 후르츠 안미츠

다시마 미소 절임

다시마, 미소

① 채수를 빼고 남은 다시마의 물기를 가볍게 제거한다.

② 다시마를 적당히 자른다.

③ 미소에 버무린다.

④ 통에 담아 잘 눌러 정리한다.

⑤ 냉장고에 2주 숙성한다.

⑥ 3개월 동안 즐긴다.

여름엔 짭쪼름한 반찬이 좋다.
더위에도 잘 상하지 않고,
땀으로 빠져나간 염분을 채워 주면
몸의 리듬이 다시 일어난다.

여름날의 찬들.
가볍게 절이거나
물에 담가 짠지의 염분을 덜어 낸 뒤,
다시 옅은 양념으로 조물조물 무쳐 낸 반찬들.

시소잎 미소 장아찌

재료

시소 50g (약 80~100장), 소금 50~60g(물 기준 10~12%), 물 500ml, 소주 100ml
* 미소 소스: 매실 미소 60g, 미소 40g, 미림 1T, 원당 ~2T

① 시소를 씻어 물기를 모두 없앤다.

② 반으로 나눠 실로 묶는다.

③ 소금과 물을 끓여 완전히 식힌다.

④ 실로 묶은 시소에 식힌 소금물과 소주를 부어 실온에 둔다.

⑤ 2주 이상 절인다.

⑥ 끓는 물에 시소를 약 2분간 데친다.

⑦ 찬물에 헹궈, 물기를 가볍게 제거한다.

⑧ 분량의 미소 소스 재료를 볼에 담아 섞는다.

⑨ 한 장 한 장 바른다.

⑩ 3일 정도 냉장고에 두고 맛을 들인다.

실로 묶어, 2주 이상 냉장고에서 삭히는 모습

가볍게 데쳐서 물기를 제거한 시소잎

미소 소스를 한 장씩 발라 맛을 들인다

지난 여름날 부지런히 만들어 둔 절임은 두고두고 먹는다.
어느 해 10월, 가을 밤이 익어 가는 철에
갓 지은 밤 솥밥에 곁들였다.
겹겹이 쌓인 계절이 접시 위에 올려졌다.

햇볕이 풍부하고
만물의 생장이 왕성하다.

초록의 기척

새파랗고 청초하고 진득한 채취. 초록에는 분명 고유한 향이 있다. 만물의 무한한 생장 속에서 감각은 명사로 응축되었다가, 계절을 가로지르며 동사로 흩어진다. 생명을 시각하고 숲을 청각하며, 바람을 촉각하고 열매를 후각한다.

이 계절에는 무엇을 해도 저 끝까지 뻗어갈 수 있을 듯한, 때 묻지 않은 대범함이 깃든다. 멀고 먼 꼭지점을 향해 걸어가도, 언젠가는 닿을 것 같은 막연하고도 새파란 희망이 그 자리에 기대어 있다.

이 자연의 기척이 괜히 반가운 건, 이런 마음이 들어서일 거다. 편치 않은 물음표가 이어지는 날들에 선명한 것들이 위로로 다가와 닿으며, 연신 초록한 날들이 계속된다.

완두콩

완두콩	
향	삶을 때 콩의 구수한 향은 나지 않는다. 약간의 비릿하고 풋풋한 향이 난다. 콩물에서 바지락을 삶은 향이 옅게 난다.
맛	감칠맛과 고소한 맛이 다른 콩에 비해 덜하다. 삼키고 끝에 찐 알감자의 맛과 질감이 느껴진다.
특징	다른 콩에 비해 껍질이 두껍고 질기다. 씹는 순간 톡 터지면서 찰진 콩이 나온다.
외형	원형에 가깝게 동그랗다.

완두콩 쌀 미소(500g)

재료

생완두콩 250g, 쌀누룩 250g, 소금 95g (콩 무게의 38%)

① 생완두콩을 압력밥솥에 담아 콩이 잠기게 물을 넣고 30분 내외로
　 삶는다. (생콩은 불리지 않는다)

② 콩을 충분히 으깨고, 손으로 비벼 깨운 누룩과 소금을 넣고 잘 섞는다.

③ 동글동글 빚고 소독한 병에 던져 빽빽하게 틈 없이 쌓는다.

④ 햇빛이 없는 서늘한 곳에서 6개월 이상 숙성시킨다.

☀ (37쪽 '집에서 미소 만드는 법'을 참고해 주세요)

Tip. 누룩을 손으로 비비는 이유

누룩은 제조와 보관 과정에서 덩어리지거나 서로 뭉쳐 있는 경우가 많다.
사용하기 전에 손으로 가볍게 비벼 풀어 주면 입자가 고르게 흩어져 다른
재료와 잘 섞이고, 수분과 공기도 비교적 균일하게 닿는다. 이러한 조건은
누룩곰팡이의 생장과 효소 작용이 보다 안정적으로 이어지도록 도와 발효가
고르게 진행되게 한다. 곰팡이의 생장과 효소 활성에는 온도, 수분, 산소,
그리고 염분·당·아미노산 같은 영양 조건이 함께 영향을 미친다.

여름의 신선함이 담긴 완두콩

쌀 한 톨의 맛

맛있는 밥만 있으면 미소만 곁들여 먹어도 좋고, 장국 한 그릇만 있어도 든든하다. 근사한 반찬보다 잘 지어진 밥이 더 소중하다.

밥물의 기준은 현미쌀의 1.5배 정도다. 햅쌀은 조금 적게, 묵은쌀은 조금 넉넉히 잡는다. 계절과 도정 정도, 사용하는 냄비에 따라 결과는 달라진다. 처음에는 계량컵과 저울을 꺼내어 작은 차이도 기록한다. 손으로 물을 만져가며 감각을 익히고, 몇 번의 실패 끝에 밥은 제맛을 찾는다. 그때부터 쌀이 달리 보인다. 생산지와 생산자가 떠오르고, 시간이 지나면 벼가 자라난 땅이 궁금해진다.

매일 한 끼 밥을 짓는 일은 자연스럽게 원재료와 마주하는 마음으로 이어진다. 하루에 한 번은 밥을 지어 보라는 말에는 그런 뜻이 담겨 있다. 각자의 주방에서 쌀 한 톨이 가진 이야기를 생각해 보라는 마음이다.

미소 김초밥

재료

밥, 미소장, 참기름, 김

① 　김 위에 밥을 고르게 반쯤 펴준다.

② 　가운데에 미소를 조금씩 얹는다.

③ 　둘둘 말아 준다.

④ 　참기름을 윤기 나게 슥슥 바른다.

잘 지은 밥, 잘 숙성된 미소장, 계절마다 직접 짠 참기름,
그리고 빳빳한 김밥 김,
심심한 듯하다가 짭짤하고,
짭짤한 듯하다가 달큰하다.
참기름 향이 퍼지는 듯하다가 김 향이 좋고,
쌀밥의 단맛이 퍼지면서 손이 다시 간다.

한낮의 기온이 올라가 한여름인 듯
더워진다.

2부 — 절기 살이

토종 우엉

나는 자주 로컬푸드 마트에 간다. 절기마다 뭐가 나오는지 살펴보는 일이 내 일에 대한 의무이기도 하고, 어느새 일상의 즐거움이 되었다. 계절과 계절 사이를 넘어, 절기와 절기 사이에도 나오는 작물은 조금씩 다르다. 자주 가서 살펴보고 하나하나 기록해 1년의 자료로 남겨 둔다.

어제는 토종 우엉을 봤다. 평소에 보는 길고 곧은 우엉과는 전혀 다른, 더덕처럼 짧고 울퉁불퉁한 모습이다. 요즘에는 토종이라고 쓰여진 작물은 무조건 산다. 생긴 것도 다르고, 맛도 다르고, 향도 다르니, 그냥 지나칠 수가 없다.

제일 좋아하는 긴피라(きんぴら)를 만들까 싶었는데, 울퉁불퉁해서 곱게 썰기엔 손이 좀 가겠지 싶었다. 그러다 문득 4시

어느 여름날의 토종 우엉

간을 볶았다는 요시에의 텟카 미소가 생각이 나서 장바구니에 담았다. 텟카 미소는 밥 위에 솔솔 뿌려 먹으면 다른 반찬이 필요 없을 만큼, 감칠맛이 좋지만 여간 노력을 기울여야 하는 반찬이 아니다. 아주 곱게 다져야 하고, 다지고 나서도 오래 볶아 포슬포슬한 질감을 내야 한다. 다지기만 해도 반은 한 셈이니, 마음부터 다잡아야 한다.

우엉, 당근, 연근을 꺼내 곱게 다지기 시작했다. 손이 많이 가지만, 은은하게 올라오는 흙 향이 좋다. 아주 미세하고 잘게, 다지고 또 다진다. 손이 많이 가는 이 작업은 스트레스 없이 머리를 비우기 좋은 시간이다.

여름이 되면, 생장하는 생명들의 초록빛은 세상의 온 에너지를 품은 듯하다. 점점 짙어지는 생명력에 에너지가 넘치는 듯하지만, 오히려 몸의 기운은 점점 빠지는 것 같이 느껴진다. 이럴 때 나는 음식으로 다시 내 몸을 돌보는 쪽을 선택한다. '기운을 북돋는 된장' 텟카(鉄火) 미소는 찬 음식을 많이 먹어 차가워진 몸을 따뜻하게 데우고, 기력을 회복하는 데 도움이 되는 식이요법 반찬이다.

마크로비오틱 식생활에서는 음식도 저마다 기운을 가지고 있다고 본다. 음식의 성질을 분류하고, 음양오행에 따라 계절과 내 몸에 맞는 식단을 고르는 것이 기본이다. 그런 생각으로 보면, 오늘의 여름 밥상에는 텟카 미소가 꽤 잘 맞는 치유식이다. 잘 지은 밥에 텟카 미소를 솔솔 뿌려 간을 맞춘다. 콜리플라워, 가지, 무순, 콩 같은 채소를 가볍게 데치거나 그대로 올려 곁들인다. 군데군데 담아 색감에도 즐거움을 준다.

텟카 미소

재료

미소 100g, 당근 100g, 우엉 120g, 연근 60g (선택), 생강 5~8g (다진 것),
참기름 1T, 채수 소량

① 우엉, 당근, 연근, 생강을 아주 잘게 다진다.

② 두꺼운 팬에 참기름을 두르고 약한 불에서 생강을 볶는다.

③ 채소를 오랫동안 볶아 수분을 최대한 날린다.

④ 불을 약하게 유지한 채 미소를 넣고 섞으며 볶는다.

⑤ 타지 않게 주의하고 타는 것이 염려되면 채수를 소량 넣으며 볶는다.

⑥ 충분히 볶아 포슬포슬하게 만든다.

⑦ 4주 이상 냉장 보관 가능하다. 완전히 식으면 밀폐 용기에 담는다.

오늘의 식탁 3

비록 손이 많이 가지만, 채소를 반듯하게 자르고 재료의 색을
맞추면 밥 한 그릇에 기품이 생긴다. 하나라도 간이 도드라지면
금세 혼자 돋보이니 재료마다의 간을 세심히 맞춰 준다. 발효의
산미, 제철 채소의 단맛, 천연 조미료가 더해 주는 감칠맛을
생각하면, 이 정도의 노고쯤은 가끔 괜찮겠다 싶다.

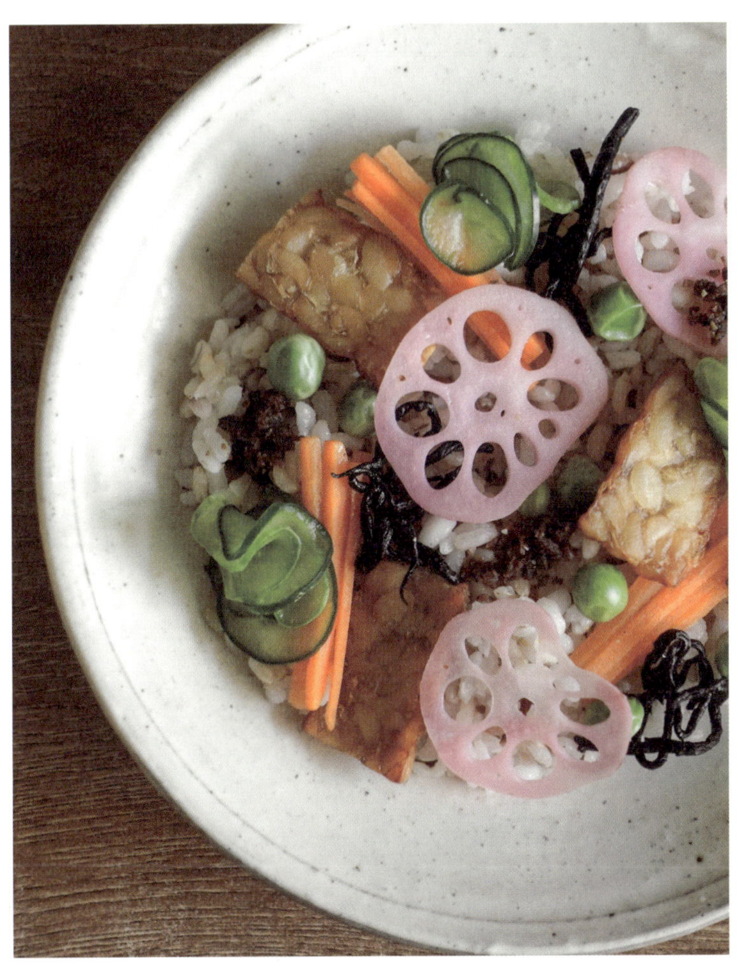

같은 그릇에, 같은 재료를 가지고 다르게 담아

음식을 내어 드렸다.

텟카 미소 비건 지라시스시

재료

백팔미 2컵, 템페 50g, 오이 50g, 연근 20g, 당근 50g, 말린 톳 10g, 완두콩 12g,
텟카 미소

① 밥을 짓는다.

② 템페를 잘라 바삭하게 굽는다.

③ 슬라이스 한 오이에 몇 꼬집의 소금을 넣어 가볍게 절인다.
　　면보에 말아 물기를 제거한다.

④ 연근은 얇게 썰어 데친다. 물기를 제거하고 매실초에 30분 담가 둔다.

⑤ 당근은 채 썰어 데친다. 당근의 색이 선명해지면 채반에 밭쳐 놓는다.

⑥ 끓는 물에 완두콩을 데친다.

⑦ 톳 조림을 만든다(톳 조림 만드는 방법 참고).

⑧ 식은 단촛물(단촛물 만드는 방법 참고)을 밥에 뿌려 간을 한다.

⑨ 밥을 담고 손질한 재료를 골고루 담는다. 텟카 미소를 중간중간
　　올린다.

⑩ 가볍게 섞어 먹는다.

Tip. 단촛물 만드는 방법

재료는 식초 3T, 원당 2T, 소금 1t, 미림 1T이다. 식초, 원당, 소금, 미림을 모두
넣고 약불에서 데워 원당과 소금이 완전히 녹을 때까지 저어 끓인다. 불을 끄고
식혀 둔 뒤, 밥이 뜨거울 때 단촛물을 고루 섞는다. 이때 한 번에 모두 넣지 않고
맛을 보며 넣도록 한다.

톳 조림

재료

말린 톳 10g, 간장 2t, 물 200g, 유기쌀 올리고당 1t, 참기름

① 톳을 씻어 채반에 밭쳐 둔다. 물에 담가두지 않고 남은 물기에 가볍게 불린다.

② 참기름을 팬에 두르고 톳을 볶는다.

③ 물을 넣고 끓이다가 톳이 부드러워지면 간장을 넣는다.

④ 물이 졸아들면, 유기쌀 올리고당을 넣고 은근히 졸인다.

⑤ 조림 국물이 없어지며 윤기가 돌기 시작하면 불에서 내린다.

연근 매실초 절임

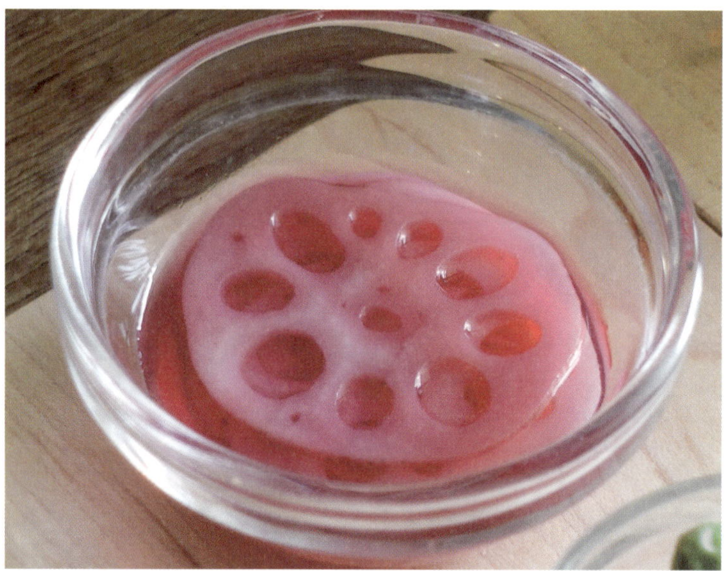

재료

연근 슬라이스, 매실초

①   연근을 필러에 밀어 얇게 슬라이스 한다.

②   끓는 물에 연근을 데친다.

③   물기를 제거하고 매실초를 부어 붉은색을 입힌다.

여름 주먹밥

고슬하게 밥을 짓는다.

여름의 어린 열무를 살짝 절여 잘게 썰어 넣는다. 버려지기 쉬운 브로콜리 잎도 가볍게 데쳐 소금을 더해 절여 두면 쓰임새가 좋다. 뿌리 채소를 곱게 다져 볶아 넣기도 하고 얼린 두부의 물기를 꼭 짜서 간장에 볶아 넣기도 한다. 무엇이든 넣고 참기름이나 매실초를 조금 넣어 밥과 함께 섞는다.

가볍게 양념한 밥을 따뜻할 때 두 손으로 꼭꼭 눌러 뭉친다. 접시에 담아 제피 절임 한 알을 올려 마무리한다. 톡 터지며 입안 전체에 퍼지는 제피 향은, 잔잔한 봄을 지나 격동의 에너지로 가득한 여름이 왔음을 느끼게 한다.

나는 주먹밥을 만드는 시간이 좋다. 따뜻한 밥을 한 덩어리씩

동그란 마음으로 빚는 주먹밥

뭉쳐 접시에 올리면 투박해도 정이 가득하다. 조금 어설퍼도 괜찮은 음식이 주먹밥이다. 어설프고 어려운 날들이 참 많은데 음식에 마음이 투영되는 게 분명하다. 주먹밥을 보고 있으니, 때때로 마주하는 내 모습 같아 보인다.

동그랗게 뭉친 이 밥 덩어리가 여름엔 더 맛있다.

여름에는 풋풋한 김 향이 식탁에 산뜻함을 더한다.
주먹밥용 김은 조금 더 빳빳한 김이 어울린다.

제피 절임

한국의 후추, 알싸한 향의 초록빛 제피와 위에 뿌려진 하얗고 반듯한 소금을
보고는 여름의 모습이라는 생각이 들었다. 따가운 햇빛과 싱그러운 바람, 입안
가득 퍼지는 제피의 톡 쏘는 기운.
소금의 선명한 맛이 이 계절과 꼭 닮아 있다.

제피, 소금(제피의 20%)

① 제피를 알알이 손질한다.

② 끓는 소금물에 제피를 3분 데친다.

③ 얼음물에 30분~1시간 담가 둔다.

④ 냉장고에 두고 물기를 하루 자연스럽게 빼 준다.

⑤ 소금 한 주먹을 놔두고 남은 소금에 제피를 버무려 실온에 둔다.

⑥ 소금이 녹으면 통에 넣고 위에 남은 소금을 올린다.

⑦ 실온에 2일 놔둔다.

⑧ 1년간 냉장고에 넣어 두고 먹는다.

낮이 가장 길고 태양이 가장 높이 뜬다.

철따라 요리하는 즐거움을 나누는 시간

개구리는 온 힘을 다해 울었다

아침, 알람 소리에 잠시 눈을 떴다. 10분만 더 자고 일어나야
지 생각했지만, 다시 눈을 떴을 때는 이미 30분이 훌쩍 지나
있었다. 서둘러 준비하여 출근길에 올랐다. 조금 초조하고 복
잡한 마음이 스스로를 압박하던 중, 6월 양평 워크숍에 참여
했던 수강생으로부터 문자가 도착했다. 양평의 아침 풍경이
라며, 작은 개구리가 찍힌 짧은 동영상이 함께 와 있었다.

　　최근 스튜디오의 업무가 연일 이어지며, 혼자 감당하기
벅찬 순간들이 반복되고 있었다. 예상하지 못한 좋지 않은 일
들까지 겹쳐 마음은 점점 무거워지고 있었다. 그 와중에 도착
한 짧은 영상은, 잠시 멈추어도 괜찮다는 조용한 위로처럼 다
가왔다. 한동안 숨 쉴 틈 없이 달려왔던 날들 속에서, 어쩌면
스스로를 지나치게 다그치고 있었던 것은 아닐까 하는 생각

이 들었다.

영상 속 개구리는 크기가 매우 작았다. 그 작은 생명은, 마치 자신의 존재를 세상에 알리기라도 하듯 힘껏 울고 있었다. 자연의 한가운데에서 크고 작은 것에 대한 구분은 의미가 없어 보였다. 존재하는 그대로가 충분한 듯, 작은 개구리는 온 힘을 다해 울었다.

가끔 시간이 지난 후에도 안부를 건네는 수강생들이 있다. 때때로 나 역시 안부를 묻고 싶은 수강생들이 있지만, 연락이 쉽지 않다. 오랜 시간이 흘러도 잊지 않고 조심스럽게 소식을 전해오는 이들이 있다는 사실은, 강의라는 일의 의미를 새롭게 느끼게 한다. 내 일은 누군가에게 삶의 에너지를 건네는 일이라 생각해 왔지만, 어쩌면 나 역시 그렇게 순간들을 통해 에너지를 받고 살아가고 있는지도 모른다.

낮이 가장 길고 볕이 무르익는 날 하지. 마크로비오틱 삶 한가운데서, 여름을 보내며.

강낭콩
(풋콩)

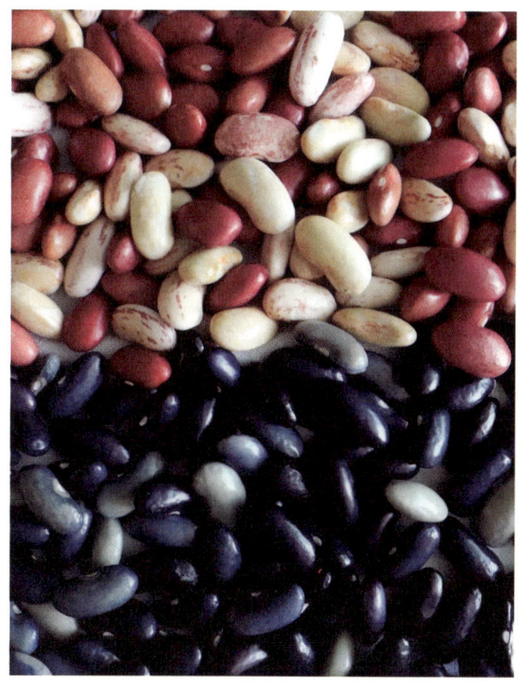

강낭콩	
향	삶은 팥물과 비슷한 향을 지니며, 찐 옥수수 같은 고소한 향이 난다. 끝맺음에서는 삶은 바지락 국물의 풍미가 난다.
맛	고소한 찐 밤 같다. 찰 진 감자의 식감도 있다. 굉장히 쫀득한 찰짐과 밀도가 높다.
특징	푹 삶은 콩이 쫀득한 식감을 넘어, 부드럽고 크리미하게 느껴지기도 한다. 베틀콩의 식감과 비슷하다.
외형	다른 콩에 비해 큰 편이고 길쭉하다. 껍질이 질기고 단단해 보인다.

여름이기에 볼 수 있는 풋콩

붉은빛 강낭콩

푸른빛 강낭콩

풋콩 쌀 미소

재료

생강낭콩 200g, 쌀누룩 200g, 소금 76g(38%)

---

① 생강낭콩을 압력밥솥에 부드럽게 익힌다(생콩 미소는 콩을 불리지 않아도 된다).

② 콩을 충분히 으깨고 소금과 손으로 비벼 깨운 누룩을 넣고 섞는다.

③ 동글동글 빚고 소독한 병에 던져 빽빽하게 틈 없이 쌓는다.

④ 햇빛이 없는 서늘한 곳에서 6개월 이상 숙성시킨다.

⑤ 발효가 끝나면 냉장 보관한다.

☀ (37쪽 '집에서 미소 만드는 법'을 참고해 주세요)

풋콩(강낭콩) 미소 1일 차

강낭콩을 손으로 주물러 으깨고 쌀누룩과 소금을 섞는 사이, 처음 맡는 낯선
향을 느꼈다. 케첩과 데미그라스를 떠올리게 하는 향이다. 주방을 둘러보며
혹시 가스불 위에 뭔가 올려 둔 것은 아닌가 둘러보았다.
한참을 그러다 그 향이 미소에서 비롯된 것임을 깨달았다. 오늘도 미소를
만들며 새로운 경험과 마주했다.

풋콩(강낭콩) 미소 3개월 차

이전보다 색이 조금 붉어져, 붉은팥을 으깬 듯하다.
진한 간장 풍미와 단맛이 강하게 느껴진다.
아직 쌀누룩이 충분히 풀어지지 않았다.
발효의 시간이 한 뼘은 더 필요하다.

초복의 무더위와 장마전선의 영향권.

말갛게 비친 마음

작은 더위가 덮인 소서는 햇볕이 깊어지고 바람에 여름의 열기가 스미기 시작하는 때다. 이때의 볕은 이미 한 계절을 깊이 밀고 들어온다. 들판에서는 곡식이 한 번 더 자라고, 바람에 따라 익어 가며 절기의 문턱에서 조금씩 기척을 내며 방향을 틀어 간다.

초여름에 거두어 들인 보리는 이 계절의 곡물처럼 느껴진다. 보리누룩으로 만든 백간장은 색이 옅고 맑아 여름 음식과 제법 잘 어울린다. 메밀면을 그 맑은 백간장 국물에 담가 후루룩 먹으면, 다가오던 무거운 기운이 바스락거리며 한 겹 벗겨지는 듯하다.

말갛게 걸러진 간장을 바라보고 있으면 내 마음도 함께 비치는 것 같다. 이 둥글고 느슨한 마음이 볕만큼 반짝인다.

보리 백간장(시로타마리, 白たまり)

재료

보리누룩 500g, 물 1000cc, 소금 270~300g(누룩과 물을 합친 것의 18~20%)

① 　물과 소금을 끓인다. 소금이 녹으면 그대로 식힌다.

② 　보리누룩을 손으로 비벼 둔다.

③ 　소금물과 보리누룩을 섞는다.

④ 　3개월 숙성시켜 간장과 모로미 카스(고형물)를 거른다.

⑤ 　냉장 보관해 3년 두고 먹는다.

Tip.

체에 거르고 나서도 여전히 여과물에 백간장이 스며 있는데, 꽉 눌러서 억지로
백간장을 짜내지 않는다. 보리누룩이 다 으스러져 전분이 함께 들어간다.
보리 백간장은 맑고 청량한 짠맛이 매력이다.

열흘 정도 지나면,
소금물을 머금은 통통한 보리 누룩이 둥둥 뜬다.
모든 독자가 발효 생활이 주는 즐거움을
이 책의 어디쯤에서 마주하게 될까.

냉소바

재료

메밀면, 보리 백간장 쯔유, 표고, 다시마
* 보리 백간장 쯔유 : 백간장 1/2컵, 생강 10~20g, 원당 10g, 다시마 20g, 건표고
2개, 물 4컵

① 보리 백간장 쯔유를 만들기 위해 분량의 재료를 모두 냄비에 담는다.

② 보글보글 끓으면 약불로 줄여 30분 끓인다.

③ 체에 걸러, 병에 담는다. 냉장 보관 3일 가능하다.

④ 거르고 남은 표고버섯과 다시마도 곱게 썰어 고명으로 사용한다.

⑤ 메밀면을 삶아 깨끗한 물에 여러 번 비비듯 헹군다. 전분기를 충분히
없애 미끌거리지 않게 한다.

⑥ 얼음물에 잠시 담가 탱탱하고 시원하게 만든다.

⑦ 단정하게 감은 메밀면을 그릇에 담고 고명을 얹는다.

⑧ 채 썬 표고와 다시마를 면 위에 얹는다.

⑨ 보리 백간장 쯔유를 천천히 부어 준다.

Tip.

보리 백간장이 가진 옅은 발효향과 곡물의 단맛, 무엇보다 이 담백한 풍미를
충분히 살린 쯔유 레시피다.

보통의 쯔유를 끓이듯, 과일, 양파, 무 등을 넣는 것은 추천하지 않는다.

모로미

보리 백간장을 만을 때 걸러진 여과물을 모로미(醪) 혹은 모로미 카스(もろみ粕)라고 부른다. 나는 이 발효 덩어리를 버리지 않고, 냉장 보관해 소금 대신 사용한다.

그대로 사용하거나 건조기에 말려 가루를 내고 체에 걸러 고운 소금을 얻는다. 40도에 말려 냉동실에 보관해두고 필요한 만큼 갈아 사용하면 참 좋다. 어디든 솔솔 뿌리면 감칠맛이 차오른다.

모로미 소금(もろみ塩)

모로미 허브 페스토

재료

바질 10g, 딜 5g, 차이브 3g, 올리브오일 3T, 여과물 1/2T, 잣 15g, 마늘 5g

①   잣은 가볍게 데쳐 팬에 볶는다.

②   모든 재료를 절구에 담아 갈아 준다.

큰 더위.
폭염이 시작된다.

자연 그대로의 삶

더운 날이 이어진다. 기후 위기로 점점 지구의 온도가 오르고 있다지만, 이보다 더 뜨거운 여름이 또 있을까 싶다. 매년 여름이 되면 늘 똑같은 말을 했던 것 같다. 작년도 이렇게 더웠나?

여름에는 자연 그대로의 음료가 제일 좋다. 콤부차, 식혜, 아마자케. 모두 발효가 깃든 음료들이다.

콤부차는 스코비라 불리는 콤부 버섯을 키워야 한다. 먹이로 당분만 주면 무한히 자라난다. 내 스코비를 보면 세로 20cm는 되는 것 같다. 여기에 좋아하는 과일을 넣어 2차 발효를 시키면, 뽀글뽀글 탄산이 생긴다. 청량감이 가득한, 자연 그대로의 천연 탄산음료가 완성된다.

식혜는 반드시 엿기름이 필요하다. 그래서 늘 집에 엿기름을 보관해 둔다. 보온에 걸어 두면 다음 날 밥알 몇 개가 동동 떠오른다. 시원하게 식혀 한 잔 들이키면 구수한 쌀 향이 퍼지고, 어쩌다 씹히는 밥알도 맛있다.

아마자케(甘酒, あまざけ)는 일본식 감주다. 질게 지은 쌀밥죽과 쌀누룩, 물을 섞어 따뜻한 온도에서 발효시킨다. 곱게 갈아 냉장고에 두고 시원하게 마신다. 기호에 따라 찐 단호박도 넣고 과일도 넣어 갈아두면 쌀 스무디가 완성된다.

찹쌀밥과 쌀누룩만으로 만들기도 한다. 그러면 아마자케보다 되직하고 단맛이 강한 아마코우지(甘麴, あまこうじ)가 된다. 이는 설탕 대신 단맛을 내는 데 사용하는 천연 감미료다.

스튜디오 수업이 끝나고, 면보로 접시의 물기를 모두 제거하고 나면 여름날의 더위가 한껏 몸을 덮친다. 그럴 때 냉장고에 준비해 둔 발효 음료 한 잔을 꺼내 마신다. 소음도, 열기도, 버리는 것도 없이 무해한 하루를 보낸 듯하다.

아마코우지

재료

찹쌀 2컵, 쌀누룩 200g

①　찹쌀을 깨끗하게 씻는다.

②　씻은 찹쌀(불리지 않은)은 밥솥에 담고 물을 2컵 넣는다. 불렸다면
　　물을 조금 줄인다.

③　밥을 짓는다.

④　한 김 식히고 손으로 비벼 풀어놓은 쌀누룩을 주물러 섞는다.

⑤　50~55도 온도로 12시간 맞춘다.

⑥　2시간 정도 지나고 마른 숟가락으로 섞는다.

⑦　12시간이 지나고 부드럽게 갈아 사용한다. 음료로 섭취할 경우,
　　생수를 조금 추가해 갈아도 좋다.

⑧　냉장 보관 5일, 냉동 보관 2달 가능하다.

밥과 누룩을 손으로 충분히 주물러 섞는다

아마코우지 발효 12시간 후

아마코우지 더한 부드러운 커리

재료

양파 150g, 150g, 당근 60g, 불린 캐슈넛 40g, 채식 커리가루 3T(40g), 소금
2t, 아마코우지 100ml, 물 400ml

* 향신료: 큐민씨드 1t

① 양파를 채 썬다. 당근은 나박나박 얇게 썬다.

② 오일을 두르고 큐민씨드를 넣고 향이 나게 볶는다.

③ 짙은 색이 나기전에 양파를 넣고 볶는다.

④ 양파가 옅은 갈색이 나면, 당근을 넣고 볶는다.

⑤ 오일이 부족하면 물을 조금 넣고 볶는다.

⑥ 충분히 채소를 볶으면, 불린 캐슈넛과 물을 넣고 20분 정도 약불에서
뚜껑 닫고 끓인다.

⑦ 커리가루와 소금을 넣고 3분 정도 끓인다.

⑧ 불에서 내려 식으면, 아마코우지를 넣고 갈아 준다.

⑨ 간을 보고 물을 조금 추가하거나 원하는 채소를 넣고 끓여서 먹는다.

토종 참외

제주 구좌 강순희 농부님의 토종 참외 세 가지(먹골참외, 사과참외, 열골참외)

먹골참외: 노오란 과육, 검붉은 색의 씨앗이 선명하다. 반을 가르면 참외향이 진하게 올라온다. 시원한 오이 향과 메론 향이 섞여 있다. 일반 참외보다 더 달고 부드러운 식감이다. 콤포트로 만들어 요거트와 즐기니 좋았다.

토종 참외 콤포트와 제주 햇밀로 만든 식사빵

사과참외: 동그란 아기 배의 배꼽과 같이 생긴 귀여운 참외
다. 작은 박같이 생기기도 하였다. 밀도 있게 씨가 붙어 있고
아삭한 식감이 있는데 옅은 참외 향이 나서 맵지 않은 무 같기
도 하다. 씨를 제거하고 적당한 크기로 썰어 올리브오일, 후
추, 소금 넣고 샐러드로 즐기면 좋다.

열골참외: 겉은 연노랗고 속은 메론같이 연둣빛을 띤다. 허브 향과 꽃 향이 난다. 적당한 단맛과 아삭한 식감에 은은한 산미가 있다. 여름철 수분 보충에 좋은 과일이다.

로컬의 다양한 토종을 찾아내는 일은 참 즐겁다.
가만히 보고 있으면, 작물이 거쳐 온 긴 시간이
얼마나 귀한지 새삼 느껴진다.
저마다 다름이 지닌 힘이, 우리가 찾고 있는
지속 가능성이 아닐까.

토종 참외 미소

재료

토종 참외 200g, 원당 40g, 미소 150g

① 참외의 씨를 제거하고 적당한 크기로 썰어 준다.

② 참외와 원당을 섞어, 냄비에 담고 약불에 올린다.

③ 참외에서 물이 금세 나와 원당이 모두 녹는다.

④ 물기가 1/3 정도 남으면, 미소를 넣는다.

⑤ 저어 주며 약불에서 끓인다.

⑥ 농도가 잡히면 병에 담아 보관한다.

⑦ 냉장 보관 한 달 가능하다.

Tip. 참외 미소와 어울리는 단호박 찜

6월 말~8월 초에 나오는 단호박은 전분감이 풍부하고 촉촉하면서도
포슬포슬하다. 신문지에 싸서 서늘한 곳에 약 7일 정도 두면 단맛이 한층 더
올라온다. 반을 갈라 속을 아래로 엎어 찌면, 수분이 덜 고이고 촉촉하게 쪄진다.
달콤하게 찐 단호박을 접시에 담은 뒤 참외 미소를 곁들인다.

3장

가을

둥그레지는
마음

8월 ❋ 입추, 처서
9월 ❋ 백로, 추분
10월 ❋ 한로, 상강

가을은 오행 중 금(金)의 에너지를 지니며, 하루 중에서는 저녁에 해당하는
시간의 에너지를 가진다. 기운은 안으로 수렴하고, 여름의 발산을 거둔 뒤
응축과 정리의 흐름이 시작된다.
이 시기에는 생강이나 무처럼 가벼운 매운 기운을 지닌 식재료가 몸속
순환을 도와주며, 따뜻한 음식과 함께 신진대사를 돕는다. 특히 초가을에는
여름 동안 섭취한 차가운 음식과 수분이 몸에 남아 감기로 이어지기
쉬우므로, 열을 내는 조리법과 따뜻한 음식을 통해 몸을 보온하는 것이
중요하다.
가을 절기의 채소는 기관지와 폐, 대장을 이롭게 한다. 그중 연근과 우엉은
가을 식탁에서 중심이 되는 뿌리채소로, 양성의 기운을 품고 있어 계절의
에너지와 잘 어울린다. 연근은 몸을 속에서부터 따뜻하게 하며, 우엉은 열을
안으로 모으고 여름 내 늘어진 혈관과 세포의 탄력을 회복시키는 데 도움을
준다.

가을이 영그는 마크로비오틱 라이프 스타일
수렴의 계절, 안으로 모이기도 하고 자연스럽게 흘러가도록 정돈하는 시간도
함께 존재한다. 여름의 활기 속에서 흩어졌던 것들을 다시 모아 정돈하는
시기다.
옷장, 부엌, 파우치 등 조금씩 비우고 덜어 내는 생활은 내면의 질서감을
회복하게 도와준다. 하루의 짧은 명상은 몸 안의 기운을 안으로 모으는
일상의 의식을 루틴으로 가지는 것도 좋다. 차분히 기록하거나 다도 시간,
독서의 행위로 섬세한 감정을 흔들리지 않도록 유지한다.
가을은 폐와 기관지의 계절로 건조한 날씨와 찬 기운을 대비해, 깊고 따뜻한
호흡을 의식적으로 연습한다. 날숨을 길게 내쉬는 호흡은 생각을 정리하고
마음을 가라앉히는 데도 큰 도움이 된다. 부드러운 질감의 옷, 담요, 따뜻한
조명 등은 가을의 차가운 기운으로부터 심리적 온기를 만들어 준다.
무르익음과 덜어 내는 것, 깊어짐이 함께 공존하는 계절이다.

밥을 짓는 마음

식탁을 완성하는 데 가장 중요한 것은 잘 지은 밥이다. 나는 보리를 조금 섞거나 톳을 넣고 지은 밥을 좋아한다. 누룽지 없이 솥에서 지은 고슬한 밥이다.

밥 짓는 일에도 취향이 담긴다. 좋아하는 밥솥을 고르고 다양한 토종 곡물을 살펴 취향대로 섞어 본다. 물의 양과 시간을 들여 밥을 짓는다. 눈에 드는 주걱을 선택하고 마음에 맞는 그릇에 담는다. 어울리는 찬을 곁들여, 밥맛을 음미한다.

밥 한 그릇에도 이렇게나 많은 취향이 선명하게 남는다. 먹을 것의 분류가 다양해지고 어떤 부분에서는 과분하게 넘쳐나지만 한국 사람에게 밥 한 그릇은 여전히 주식이자 생명이다.

식생활의 작은 일부로 어겨지는 밥 한 그릇, 그 안에 담긴 쌀알 하나하나의 귀함을 다시 떠올려 본다. 간편한 즉석밥과 냉동밥에 익숙해지며, 정작 밥맛과 취향을 잊고 지낸 날도 많았을 것이다. 사소해 보이는 부분에서부터 취향을 발견한다면, 즐거운 주방 생활이 시작될지도 모른다.

토종 팥

팥은 쌀만큼이나 우리에게 익숙한 콩이다. 콩을 꺼리는 사람
도 한 해를 돌아보면 다른 콩보다 팥은 훨씬 많이 먹었을 것이
다. 팥죽, 팥밥, 팥앙금빵, 팥고물떡, 팥빙수, 팥양갱까지. 우
리의 사계절 식탁에는 언제나 팥이 있었다.

내가 마크로비오틱 식생활을 배우며 처음 만든 것도 팥
호박이었다. 팥과 단호박, 소금. 단 세 가지 재료로 완성되는
단순한 음식이지만 따뜻한 차와 함께 먹으면 마음이 금세 포
근해진다. 부드럽게 익은 팥 위에 단호박을 얹어 다시 익히면
단맛이 천천히 내려앉는다. 단호박이 파실파실해지는 계절에
만들면 유난히 맛있다.

우리는 왜 이렇게 팥을 좋아할까. 아마도 오래전부터 팥은 우

리 밥상과 함께 자라왔기 때문일 것이다.

동짓날 밤이 가장 길어질 때, 사람들은 붉은팥의 기운으로 음의 기운을 누그러뜨린다고 믿었다. 식구들이 둘러앉아 하얀 새알심을 동그랗게 빚고 팥죽을 나누어 먹던 풍경은 지금도 더러 이어지고 있다.

지금도 때때로 이사를 하면 집 안 곳곳에 팥알을 뿌리곤 한다. 붉은팥이 액운을 막아 준다고 여겨 온 오래된 믿음 때문이다. 빛바랜 기록과 입에서 입으로 전해지는 말들은 생각보다 선명해, 결정 같은 빛을 낸다. 삶의 리듬이 되기도 하고 내일을 건너는 위로가 되기도 한다.

팥은 가을이 깊어지는 10월이면 꼬투리가 서서히 벌어진다. 낫으로 줄기를 베어 햇볕에 말리고 도리깨질을 하면 낟알이 후두둑 떨어진다. 토종 팥은 서리와 추위에 약해, 늦가을 바람이 매서워지기 전 서둘러 거두어야 한다. 알알이 떨어진 팥을 손바닥에 올려보면 긴 시간이 그 안에 켜켜이 쌓여 있는 듯 매섭게 단단하고 옹골지다.

붉은 콩 한 알에 참 많은 것들이 담겨 있다. 오래된 맛과 시절의 풍경. 그리고 가족의 이야기….

<table>
<tr><td colspan="2" align="center">재팥</td></tr>
<tr><td>향</td><td>우엉 향이 감돈다.
삶은 밤 향도 코끝에 남는다.</td></tr>
<tr><td>맛</td><td>부서지는 질감이 있고 담백하다.</td></tr>
<tr><td>특징</td><td>짙은 회색 껍질에 검은색 반점이 있어 재팥이라고 부르고
충북에서는 거두, 강원도에서는 가래팥으로 부른다.</td></tr>
<tr><td>외형</td><td>0.5~0.7cm의 크기로 매우 작다. 동글동글한 타원형이다.
덜 매끈한 표면이고 짙은 회색이다. 옅은 무늬가 있다.</td></tr>
</table>

청팥	
향	콩물에서 옅은 당귀 향이 난다.
맛	맛이 다소 싱겁다. 끝 향 없이 깔끔한 맛의 콩이다. 당도가 낮은 편이다.
특징	녹두를 닮았다고 하여, 녹두팥이라고 부르기도 한다. 청팥은 콩나물콩처럼 싹 나물용이라서 새싹 재배에 쓰이기도 한다.
외형	0.5×0.7cm의 크기로 매우 작다. 각진 타원형이다. 짙은 초록색과 올리브 색을 띈다.

흰팥	
향	담백한 곡물 향이 난다.
맛	찐 현미 같은 곡물 향이 난다. 콩 특유의 비린 향이 없는 편이다. 은은한 단맛이 있다.
특징	다른 팥보다 질감이 쫀득하고 찰지다.
외형	1cm가 못 미치는 크기다. 매끈한 타원형이다. 연하고 진한 베이지색의 콩이 섞여 있다.

검은팥	
향	콩물에서 보리차 향, 숭늉 향이 난다.
맛	아주 고소한 맛이 난다. 율무 풍미도 느낄 수 있다.
특징	적팥, 청팥, 재팥보다 크기가 크다. 표면에서 광택이 난다.
외형	아주 새까만 껍질에 선명하게 그어진 하얀 눈이 특징이다. 0.5×1cm의 크기다.

오만식이팥(왼)과 비단팥(오)

오만식이팥은 재팥과 비슷한 외형이다. 짙은 회색을 띤다.
비단팥은 검정팥과 비슷해 보이나 자세히 보면 검붉은색이다.
검붉은색과 검은색이 섞여 고운 색으로 보인다. 먹고사는 것이
전부인 시절, 곡물에는 그냥 붙는 이름은 없었다. 귀한 것이거나
비단처럼 고운 형태이니 붙여진 이름이 아닐까.

토종 팥 현미 미소

팥 100g(불리기 전), 현미누룩 200g, 소금 52~55g(콩의 52~55%)

① 팥을 씻어 냄비에 담고 물을 부어 중불에 올린다. 끓어오르면 첫물을 버린다.

② 압력밥솥에 삶은 팥과 물을 채워 뚜껑을 덮고 중불에 올린다. 30분 내외로 부드럽게 팥을 삶는다.

③ 채반에 밭친다. (콩물은 버리지 않는다)

④ 콩을 충분히 으깨고, 손으로 비벼 깨운 누룩과 소금을 넣고 잘 섞는다.

⑤ 동글동글 빚고 소독한 병에 던져 빽빽하게 틈 없이 쌓는다.

⑥ 햇빛이 없는 서늘한 곳에서 1년 이상 발효 숙성시킨다.

⑦ 발효가 끝나면 냉장 보관한다.

✺ (37쪽 '집에서 미소 만드는 법'을 참고해 주세요)

Tip. 토종 팥으로 미소를 만들 때 주의점

팥은 불리지 않고 바로 삶아 쓴다. 팥은 삶으면 조직이 쉽게 풀어지고,
동글동글 빚는 과정에서도 콩처럼 단단히 뭉쳐지지 않는다. 그래서 팥 미소를
담글 때는 일반 미소보다 염도를 약간 높여 발효가 안정적으로 이어지도록 했다.

23년도 가을에 담가 둔 팥 현미 미소와 팥 쌀 미소

팥 현미 미소를 보면 누룩의 밥알이 그대로 남은 듯 보인다. 발효가 진행되면서
쌀의 전분이 분해되어 조직이 부드러워지고, 일부 입자만 남게 된다. 숙성
중간중간 조금 집어 손끝으로 눌러 보았을 때 부드럽게 으스러지면 숙성이 잘
진행되고 있는 것이다.

Tip. 현미누룩의 특징

현미누룩은 쌀누룩보다 발효가 느리다. 도정된 백미는 전분층이 드러나 있어
효소가 전분과 단백질을 비교적 빠르게 분해하지만, 현미누룩은 껍질과 배아가
남아 있어 수분 흡수율이 낮고 누룩균이 침투하는 데 시간이 더 걸린다. 그만큼
발효와 숙성의 시간이 길어진다.

또한, 현미에는 백미보다 지질과 피틴산, 폴리페놀 같은 성분이 풍부하다.
이러한 성분들은 효소가 전분에 접근하는 속도를 늦춰 발효가 천천히 진행된다.
서서히 분해되는 시간을 기다리면 깊고 구수한 향이 있는 진한 미소를 만날 수
있다.

현미 오하기

현미 찹쌀 2컵, 물, 소금
* 팥앙금(약 800g): 팥 300g, 원당 3~5T, 소금 1t

① 현미 찹쌀을 깨끗하게 씻어 압력밥솥에 넣고 밥을 짓는다.

② 익힌 밥을 절구에 넣고 찧어 준다.

③ 밥알이 으깨지고 끈적해지며 찰기가 생긴다.

④ 팥을 냄비에 담아 물을 채워 중불에 올린다. 끓은 첫 물은 버린다.
　 다시 팥이 잠기게 물을 부어 중불에 올린다.

⑤ 보글보글 끓으면, 약불로 줄인다. 물 양이 적으면 다시 물을 채우고
　 끓인다. 반복해 팥을 부드럽게 끓여 준다.

⑥ 팥이 퍼지고 부드러워지면 원당을 넣고 끓여 준다.

⑦ 수분을 충분히 날려 앙금이 되게 한다.

⑧ 팥을 으깨고 넓게 펴서 식힌다.

⑨ 으깬 현미밥을 동그랗게 만들고 넓게 편 팥소를 현미밥에 감싼다.

맷돌 제분과 우리 밀

맷돌 제분은 암석으로 만든 천연 맷돌로 곡물을 아주 천천히 분쇄하는 방식이다. 곡물을 갈 때는 마찰로 열이 발생하는데, 맷돌 제분은 속도가 느려 가공 과정에서 기계 온도가 크게 올라가지 않는다. 그 결과 전분이 손상되는 양이 비교적 적다. 손상 전분이 적으면 물의 흡수량도 과도하게 높아지지 않아 반죽이 덜 끈적거리고, 빵을 만들 때 곡물 본연의 식감을 살리기 좋다.

손상된 전분은 정상 전분보다 물을 훨씬 많이 흡수한다. 또한 맷돌 제분은 높은 열을 발생시키지 않아, 배아에 포함된 지질 성분의 산패를 늦추고 비타민과 무기질의 파괴도 비교적 적다. 그래서 입자는 시중 밀가루보다 다소 거칠지만, 곡물 특유의 구수한 향이 그대로 살아 있는 경우가 많다.

　전립분은 밀기울과 씨눈, 배유를 모두 포함해 밀 알곡 전체를 통째로 갈아 만든 가루다. 통밀가루는 밀기울의 일부를 제거하거나 도정 과정을 거쳐 배유 중심으로 제분한 것으로, 전립분보다 섬유질의 비율이 낮다. 백밀가루는 배유 중심부만을 제분한 밀가루로, 일반적으로 밀 알곡의 약 50~60% 정도만 사용해 만든다.

맷돌 제분 우리 밀과 발효종만 있으면 맛있는 빵을 구울 수
있다. 발효종은 주방 안의 귀여운 생명체다. 가만히 보고
있으면 표면에 구멍이 생겼다가 없어졌다가 하며 숨을 쉰다.
뚜껑을 열면 시큼한 향이 난다. 옆면을 보면 밤새 부풀었다가
작아졌는지 반죽이 묻어 있다.

발효종

재료

우리 밀, 물, 발효종

① 식재료가 공기에 닿는 면이 적도록 입구가 좁고 긴 통을 준비한다.

② 열탕 소독 혹은 알콜 소독을 한다.

③ 우리 밀과 물을 1:1로 섞는다. 처음 시작은 10g씩 시작한다.

④ 다음날 발효종과 동량의 우리 밀과 물을 섞는다. 발효종:밀:물의
   비율은 1:1:1이다.

⑤ 따뜻한 곳에 놔둔다.

⑥ 발효종이 점점 많아지니, 발효종의 일부를 버리고 발효종과 밀가루,
   물을 1:1:1로 섞는다.

⑦ 매일 기록하고 성장하는 것을 체크한다.

⑧ 5일간 반복하고 냉장 보관한다.

토종 팥 잼

재료

팥 100g, 물, 마스코바도 적당량

① 　팥을 깨끗하게 씻는다.

② 　냄비에 씻은 팥을 담고 팥이 잠기게 물을 채워 준다.

③ 　중불에 올린 후 보글보글 끓으면 팥 삶은 첫물을 버린다.

④ 　팥이 잠기게 물을 다시 채우고 뚜껑을 열고 중불에 올린다.

⑤ 　끓이다가 물이 부족하면 다시 물을 채워 준다.

⑥ 　계속 반복하다가 콩물이 끓어오르는 것이 좀 잦아들면 뚜껑을 닫고
　 끓여 준다.

⑦ 　물이 부족하면 계속 물을 채워 부드러워질 때까지 삶는다.

⑧ 　팥이 80% 부드러워지면 물을 더 이상 채우지 않는다.

⑨ 　뚜껑을 열여 마스코바도를 넣고 섞는다.

⑩ 　자연스럽게 으깨지도록 섞으며 물기를 날린다.

⑪ 　열탕 소독한 병에 바로 담아 준다.

⑫ 　식으면 냉장 보관하고 한 달 두고 먹는다.

우리 밀 곡물빵

재료

A: 호밀가루 200g, 물 240~250g, 원당 1t, 이스트 1t
B: 해바라기씨 20g, 호박씨 20g, 호두 30g, 마카다미아 40g, 피스타치오 20g,
   아몬드 20g, 참깨 30g, 아마씨 20g, 퀴노아 30g
본반죽: 우리 밀 350g, 소금 8g, 물 110~130g, 오일 20g, 이스트 1/2t

① 해바라기씨, 호박씨, 호두, 마카다미아, 피스타치오, 아몬드를 씻어
   체에 밭쳐 둔다.

② 참깨, 아마씨도 씻어 체에 밭쳐 둔다.

③ 퀴노아는 깨끗하게 씻어 부드럽게 삶아 준다.

④ A를 모두 가볍게 섞는다. 실온에 2~3시간 놔둔다.

⑤ 우리 밀, 소금, 물, 이스트, A를 가루가 보이지 않을 정도로 섞는다.

⑥ B를 반죽에 넣어 덩어리를 만든다.

⑦ 오일을 2번에 나눠 넣어 준다.

⑧ 반죽을 약 1시간 1차 발효를 충분히 시킨다.

⑨ 냉장고에 넣어 12~18시간 저온 숙성한다.

⑩ 다음날 반죽을 실온에 꺼내 두고 냉기를 날린다.

⑪ 50g짜리 세 덩이로 분할한다.

⑫ 둥글리기한 뒤 중간 발효한다.

⑬ 반죽을 성형한 뒤 마르지 않게 덮어 1시간 정도 2차 발효한다.

⑭ 반죽에 칼집을 낸 뒤 240℃로 예열한 오븐에 넣어, 220℃에서 10분,
   190℃에서 20분 굽는다.

멈출 '처(處)'에 더울 '서(暑)'다.
'더위가 그친다'는 의미로
기온과 습도가 낮아지기 시작하고
풀이 누렇게 된다.

계절에 맞게 먹는 것은 무엇일까

계절의 시작에 서 있을 때는 몸을 재정비하고 대비해야 그 계절을 건강히 보낼 수 있다. 제철 음식은 우리 몸의 리듬을 조절해 자연스러운 순환을 돕는다.

습하고 기온이 높은 열대 지방의 식재료들은 대체로 수분이 많고 몸을 식히는 성질을 지닌다. 이러한 식재료는 마크로비오틱 식생활에서 음성의 성질을 띠는 것으로 본다. 반면 건조하고 기온이 낮은 한대 지방의 식재료는 수분이 적고 단단한 뿌리나 줄기 식재료가 많은 편이다. 이러한 식재료는 몸을 따뜻하게 하는 양성의 성질을 지니며, 조미료와 조리법 또한 양성의 에너지를 보완하는 법이 많다.

그렇듯 우리는 계절마다 필요한 에너지를 모두 산과 들, 바다에서 얻고, 그 식재료들을 주방으로 가져와 필요한 에너지로 극대화시킨다.

처서는 멈출 '처(處)'에 더울 '서(暑)'를 쓴다. 더위가 그친다는 뜻으로, 이 무렵부터 기온과 습도가 서서히 낮아지기 시작한다. 8월 중순이 되면 절기상으로는 이미 가을에 접어든 셈이다. 그러나 체감은 아직 더위가 가시지 않은 늦여름에 가깝다. 낮에는 여전히 덥고, 아침저녁으로는 점차 지내기 수월해진다. 이런 시기와 잘 어울리는 초가을의 식사법이 있다.

여름 동안 차고 수분이 많은 음식을 많이 섭취했기에 체력이 쉽게 떨어지고 피로가 쌓이기 쉽다. 이로 인해 위장이 약해져 소화력이 낮아지기도 한다. 여기에 가을 찬바람이 더해지면 몸 안에 남아 있던 수분이 몸을 차갑게 만들어 감기에 걸리기 쉬운 상태가 된다. 그러니 생채소를 좀 줄이고 단단한 뿌리채소를 푹 익혀 조림을 하거나 오븐에 채소를 구워 견과류를 갈아 넣은 미소 소스를 곁들이면 좋다.

이 계절에 내가 좋아하는 식재료는 토란이다. 찐 토란의 껍질을 돌려 벗기면 뽀얀 살이 나온다. 살캉하고 쫀득한 맛이 얼마나 좋은지 모른다. 또 도톰하게 썰어 들기름에 구운 연근, 엄마가 밤참으로 해 주시는 찐 밤에 콩물, 우엉과 당근을 볶아 간장으로 맛을 낸 긴피라도 자주 찾는다. (긴피라는 다음날 샌드위치를 해서 먹어도 맛있다. 짭조름한 간장맛과 우엉 향이 정말 좋다.)

여름 휴가철 육류 섭취가 많았다면 초가을에는 육류 섭

취를 당분간 줄이는 것이 좋다. 콩으로 단백질을 채우고 다양한 채소, 해조류로 철분과 칼슘, 비타민 등을 골고루 채운다. 따뜻한 장국, 뭉근하게 끓여 낸 채소 수프, 솥에 지은 현미밥, 톳 조림, 콩장 등 끼니를 거르지 말도록 한다. 치우친 에너지는 몸의 밸런스를 떨어뜨리고 견고한 면역력 체계가 흔들리니 균형 있는 식탁이 무엇보다 중요하다. 이런 것들이 쌓여 내 몸의 자연 치유력을 올리는 데 큰 역할을 해 낸다.

채소를 적당히 잘라

소금을 조금 뿌리고

올리브오일을 뿌려 버무린다.

법랑 용기에 버무린 채소를 담아 오븐에 굽는다.

여러 가지 채소가 섞여 구워지는 냄새는

채소를 안 좋아하는 사람들도 젓가락을 들게 만든다.

녹두

녹두	
향	삶을 때 구수한 향이 퍼진다.
맛	깔끔하고 담백하다. 고소한 끝맛이 강하지 않다.
특징	껍질이 비교적 얇다. 씻어서 손으로 비비면 물 위에 둥둥 뜨는데, 그때 껍질을 제거한다.
외형	1cm가 못 미치는 크기다. 약 5mm 지름을 갖는다. 둥글하거나 약간 타원형이다.

녹두 쌀 미소

재료

녹두 100g, 쌀누룩 100g, 천일염 40g (콩의 40%)

① 하루 불린 콩을 압력밥솥에 넣고 콩이 잠기게 물을 부어, 30분 내외로 삶는다.

② 채반에 밭친다. (콩물은 버리지 않는다)

③ 콩을 충분히 으깨고, 손으로 비벼 깨운 누룩과 소금을 넣고 잘 섞는다.

④ 동글동글 빚고 소독한 병에 던져 빽빽하게 틈 없이 쌓는다.

⑤ 햇빛이 없는 서늘한 곳에서 쌀 미소는 6개월~1년 발효 숙성시킨다.

※ (37쪽 '집에서 미소 만드는 법'을 참고해 주세요)

마크로비오틱 식생활의 첫걸음

마크로비오틱 식생활을 시작할 때 가장 먼저 하는 일은 거창한 요리를 배우는 것이 아니다. 우선 주방의 찬장을 들여다보는 일이다. 나는 처음 마크로비오틱 초급반을 듣고 돌아온 날, 찬장을 열어 소금과 설탕, 간장을 하나씩 살펴보았다. 식재료의 성분표를 들여다보고 들어 있는 재료의 성질과 만들어진 과정을 생각해 보는 것만으로도 식생활의 놀라운 변화가 생긴다.

두 번째는 주식인 쌀을 살펴보는 일이다. 마크로비오틱 식생활에서는 정제하지 않은 통곡물을 식사의 중심으로 삼는다. 하루 식사의 약 60%(개인의 건강에 따라 다름)정도를 통곡물로 채우기를 권장한다. 흰쌀인지 현미인지, 어떤 농가에서 어떤 방식으로 재배된 곡물인지 천천히 들여다본다. 밀가루도

마찬가지다. 가능하면 우리 밀을 사용하고, 그중에서도 오래 이어져 온 토종 밀을 찾는다. 곡물의 뿌리를 따라가다 보면 우리가 매일 먹는 한 끼의 무게를 새삼 느끼게 된다.

세 번째는 주방에서 사용하는 도구들이다. 음식을 만드는 환경 역시 식생활의 일부이기 때문이다. 나는 전자레인지를 가장 먼저 정리했고, 대신 도자기 밥솥을 들였다. 시간을 들여 밥을 짓는 일은 생각보다 많은 것을 바꾼다. 밥이 익어가는 동안 주방에는 온기가 흐르고, 그 시간만큼은 느슨한 리듬을 갖게 된다. 아침에 스튜디오에 출근하면 나는 늘 같은 순서로 하루를 시작한다. 제일 먼저 창문을 열어 공기를 들이고, 주전자에 물을 올린다. 생수를 먹고 나오는 플라스틱을 모아버리는 일도 줄어들었다. 덕분에 물이 끓는 동안 주방은 따뜻해지고, 공간의 기운도 가볍게 환기된다.

마지막으로 살펴보는 것은 우리가 무심코 사용하는 일회용품이다. 분해되지 않는 랩이나 비닐, 쿠킹 호일, 플라스틱이 섞인 일회용품을 가능한 줄이려 한다. 작은 변화처럼 보이지만 이런 선택들은 결국 우리가 어떤 방식으로 자연과 관계 맺고 살아갈 것인지에 대한 태도와도 이어진다.

마크로비오틱 식생활의 시작은 재료가 아니다. 소중한 재료를 맞이할 환경과 마음을 먼저 갖추는 일에서 시작된다.

가을이 본격적으로 시작하는 시기로
밤 기온이 이슬점 이하로 내려가
풀잎에 이슬이 맺힌다.

된장 담그기

더위가 좀 가시고 찬바람이 불어 까슬한 여름 이불에서 포근한 가을 이불로 바꿀 때부터 봄이 찾아올 무렵까지가 미소장을 담그기 가장 좋은 계절이 아닐까 싶다.

나는 보통 9월 중순 즈음부터 한 해 동안 사용할 미소장을 넉넉히 담근다. 직접 담근 장은 눈에 보이지 않는 균들이 천천히 움직이며 만들어 내는 깊은 풍미의 조미료다. 멸균 처리하지 않고 자연의 시간에 맡겨 숙성한 장에는 다양한 유산균과 효모가 살아 움직이며 풍미를 만들어 낸다.

한국의 장과 달리 일본의 장은 누룩을 넣어 발효시킨다. 한국에서는 콩으로 메주를 만들어 소금물에 담가 자연 발효를 거쳐 간장과 된장을 얻는다. 반면 일본의 장은 누룩을 더해 발효를 유도하는 방식이다. 발효의 방식은 다르지만, 두 장 모두 눈에 보이지 않는 미생물의 힘으로 완성되는 자연의 조미료다.

다만 미소는 누룩을 사용해 발효시키기 때문에 비교적 실패할 가능성이 적다. 발효가 빠르게 진행되고 집에서도 비교적 간단하게 만들 수 있어 나는 미소장을 자주 활용하는 편이다. 크게 보면 이들 모두 발효 조미료의 범주에 들어가므로, 나의 생활 반경에서 가장 가까이 두고 사용할 수 있는 발효 조미료를 선택하게 된다. 토종 콩으로 만든 미소를 주제로 책을 쓰게 된 이유이기도 하다.

건강한 식생활의 첫 번째 기준은 직접 요리해 먹는 일이다. 직접 요리를 해 먹는 것만으로도 충분한 만족을 느끼게 되지만, 집에서 발효를 한다는 일은 그보다 한 걸음 더 깊은 경험이다. 발효 조미료를 만든다는 것은 어쩌면 번거롭고 수고로운 일처럼 느껴질지 모른다. 그러나 막상 완성된 장을 마주하고 나면 그만큼 스스로에게 대견한 순간도 드물다.

처음 장을 성공적으로 완성했을 때의 기억을 나는 아직도 잊지 못한다. 잘 익었는지 확인하려 뚜껑을 여는 순간, 맛있는 냄새가 코끝에 먼저 스쳤다. 한국인은 어쩔 수 없는 모양이다. 평소 된장을 자주 먹지 않던 사람이라도 장이 익어 가는 냄새만큼은 금세 알아챈다. 오래도록 몸에 남아 있던 맛의 기억이 먼저 반응하기 때문이다.

매일 들여다보고 애지중지 돌보던 장이 마침내 완성되었
을 때, 나는 무척 행복했다. 그리고 스스로가 조금 대견했다.
그 장을 아직도 다 긁어 먹지 못하고 조금씩 아껴 먹고 있다.

이 책을 쓰며 나는 모든 독자가 한번은 미소장을 담가 보
길 바란다. 그 과정을 통해, 생명이 시작되는 가장 가까운 곳
이 바로 주방이라는 사실을 알게 될 테니.

비건 미소 치즈 케이크

재료(18cm×1ea 분량)

A: 두부 1/2모(약 220g), 미소 1T, 소금 1g, 원당 4t, 오일 3T, 레몬즙 2t,
칡전분 1T, 무첨가 두유 3T, 찹쌀가루 1T, 무첨가두유 3T, 럼주 1/2t
B: 오트밀 20g, 슬라이스 아몬드 20g, 현미가루 2T, 오일 1T, 무첨가두유 1T,
마스코바도 1/2T, 소금 1g

① 두부는 면보로 감싸 물기를 제거한다.

② 푸드프로세서에 A의 재료를 모두 넣고 부드럽게 갈아 준다.

③ B의 재료로 타르트 반죽을 만든다.

④ 오트밀과 슬라이스 아몬드를 팬에 담아 약불에서 볶는다.

⑤ 볶은 오트밀과 슬라이스 아몬드를 믹서기에 넣고 갈아 가루를 만든다.

⑥ ⑤의 갈아 놓은 가루에 현미가루, 마스코바도, 소금을 넣고 가볍게
섞는다.

⑦ 오일을 넣고 손으로 비벼 오일을 흡수시킨다. 뭉치지 않고 보슬보슬한
형태를 만든다.

⑧ ⑦에 두유를 넣고 한 덩어리로 뭉친다.

⑨ 타르트 틀에 반죽을 눌러 판판하게 펴 주고 곱게 갈은 A를 부어 준다.
윗면을 평평하게 정리한다.

⑩ 165℃에서 25분 굽는다. 충분히 식혀 살구잼을 발라 마무리한다.

보리 미소 막장

보리밥 150g, 아마자케 150g, 미소 100g, 메줏가루(고추장용) 50g,
고춧가루(고추장용) 20~25g, 고추씨가루 10g, 소금 10g, 물

① 밥솥에 부드럽게 보리밥을 짓는다. 보리밥에 물을 부어 보리죽을
끓이고 소금을 넣어 녹인다.

② 식으면 아마자케, 미소, 메줏가루, 고춧가루, 고추씨가루를 넣고
섞는다.

③ 3~5일 서늘한 실온에 두고 숙성한다. 숙성 후 짠맛이 조화롭게
부드러워진다.

보리 미소 막장은 찐 채소와 잘 어울린다

추분이 지나면 우렛소리가 멈추고
벌레가 숨는다는 말이 있다.
낮과 밤의 길이가 길어진다.

길어지는 밤, 깊어지는 맛

추분이 지나면 밤이 조금씩 길어진다. 여름이 가고 가을이 왔음을 그제야 실감하게 된다.

이렇게 밤이 길어지기 시작하면 야식이 생각난다. 생땅콩을 삶아 하나씩 까 먹는다. 아삭하고 고소한 맛이 볶은 땅콩과는 또 다르다. 축축하고 신선한 식감이 기분을 좋게 한다. 아마도 제철 식재료만이 줄 수 있는 맛이 아닐까. 성큼성큼 절기가 지나가며 밤이 길어지고 맛도 깊어진다. 깊어지는 것이 그것만은 아닐 테지.

생 땅콩

	생땅콩
향	삶을 때, 다른 콩보다 구수한 향은 덜하다. 볶은 땅콩 향도 나지 않는다. 약간은 찌릿한 끝 향이 있다.
맛	부드러운 볶은 땅콩의 맛이다. 끝맛이 아주 고소하고 껍질을 제거하지 않아도 될 만큼 껍질이 얇고 콩에 딱 달라붙어 있다.
특징	압력밭솥에 푹 삶고 나면 땅콩기름이 둥둥 뜨고 콩물은 어두운 핑크색이 돈다.
외형	건조한 볶은 땅콩과 비슷한 외형이다.

생땅콩 쌀 미소

재료

생땅콩 150g, 쌀누룩 300g, 소금 67g(콩의 45%)

---

① 압력 밥솥에 생땅콩이 물에 잠길 만큼 부어 주고 뚜껑을 닫아 중불에
올린다.

② 벨이 울리면 약불로 줄여 40분 이상 삶는다. 금방 부드러워지지 않아
다른 콩보다 오래 삶아야 한다.

③ 한 김 식힌 콩을 충분히 으깨고, 손으로 비벼 깨운 누룩과 소금을 넣고
섞는다.

④ 동글동글 빚고 소독한 병에 던져 빽빽하게 틈 없이 쌓는다.

⑤ 햇빛이 없는 서늘한 곳에서 6개월 이상 숙성시킨다.

※ (37쪽 '집에서 미소 만드는 법'을 참고해 주세요)

생땅콩 쌀 미소 6개월 후
깊은 단맛이 올라오고 은은한 땅콩 향이 좋다.

가을의 첫 콩

이만큼의 선명한 빛을 내는 것은 해콩만이 가진 것이다. 푸릇한 신선함과 여린 향, 맑은 단맛이 가득하다. 무릇 햇-것이 주는 마음이 있다. 무엇이든 해보고 싶게 만드는 기운 같은 것 말이다.

얼마 전 로컬푸드 마트에 들렀다가 매대 위에 해콩이 가득 쌓여 있는 것을 보았다. 노란빛 사이로 어딘가 푸른 기운이 남아 있는 알갱이들. 보이는 대로 한 팩씩 바구니에 담아 집으로 돌아왔다.

콩을 살짝 데쳐 한 알 먹어 본다. 이 계절이 가진 신선한 기운을 그대로 먹는 것이 가장 맛있기 때문이다. 사실 쿠킹 스튜디오를 운영하며 수업을 준비하고 책 작업을 하다 보면 눈코 뜰 새 없이 레시피를 만들어 낸다. 강의를 위해 만드는 요

동부콩

리는 늘 어느 정도의 구조를 필요로 한다. 재료의 의미도 설명해야 하고, 조리의 과정도 정리해야 한다. 수업을 위해 만든 레시피에는 그런 질서가 있다.

그래서인지 오직 나만 먹는 음식을 차릴 때는 오히려 단순해진다. 하나의 팬에서 모든 것을 끝내거나, 하나의 볼에서 모든 것을 버무리는 식이다. 그렇게 만들어 먹는 음식에는 설명이 필요 없다. 그저 계절의 재료가 가진 맛이면 충분하다.

그날은 사과를 썰고 호두를 조금 부수어 넣었다. 들기름을 한 바퀴 두르고 다진 생강을 아주 조금 더한다. 소스라고 할 것도 없는, 그저 재료들이 서로를 해치지 않을 만큼의 간이다. 해콩의 맑은 단맛을 가리지 않을 정도면 충분하다. 지난달 막 짜낸 들기름의 향도 그 맛에 잘 어울린다.

마크로비오틱 관점에서 가을은 수렴의 계절이다. 여름 동안 바깥으로 확장되었던 기운이 다시 안으로 모이고, 땅의 힘도 점점 깊어지는 때다. 그래서 가을 식탁에는 자연스럽게 씨앗을 품은 음식들을 올리고 싶어진다. 곡식과 콩, 견과 같은 것들이다. 작은 알갱이 속에 다음 계절을 준비하는 힘이 들어 있기 때문이다.

콩 한 알에도 그런 시간이 담겨 있다. 어떤 콩은 밥에 들어가고, 어떤 콩은 두부가 되고, 또 어떤 콩은 미소가 되어 더 긴 시간을 건너간다. 한 번의 수확이 이렇게 여러 계절의 음식으로 이어진다. 그래서인지 해콩을 보면 마음이 조금 밝아진다. 여름의 시간을 지나 가을의 빛으로 여문 알갱이들이기 때문이다.

가을은 늘 이렇게 온다. 해콩 알알이 선명하게 빛나는 날에.

제일 위쪽의 왼쪽부터(시계 방향) 넝쿨콩, 붉은팥, 파랑방콩, 재팥

가을 해콩 사과 샐러드

재료

가을 해콩 100g, 사과 100g, 셀러리 30g, 호두 25g
* 소스: 생땅콩 미소 1.5~2T, 들기름 2T, 올리고당 1T, 채수 1T, 식초 1/2T,
생강 8g

①   해콩을 삶는다.

②   사과와 셀러리, 호두를 콩과 비슷한 크기로 잘라 준다.

③   콩이 식는 동안, 소스를 만든다.

④   생땅콩 미소와 채수를 섞어 풀어 준다.

⑤   올리고당, 식초, 다진 생강을 섞는다.

⑥   들기름을 조금씩 넣으며 충분히 섞는다.

⑦   해콩과 ②의 재료 모두, 소스를 섞는다. 20분 정도 맛이 들면 먹는다.

공기가 차츰 선선해진다.
찬 이슬이 맺힌다.

콩 미소 숙성 과정

당일

물기가 부족한 듯하다. 조금 단단한 느낌이다. 넓은 법랑에
평평하게 펴서 눌러 랩을 붙여서 직사광선 없는 서늘한 곳에서
숙성을 시작했다.

2~3일 후

콩누룩을 만져 보면 으깨지는 것이 있다.

일주일 후

콩누룩이 수분을 흡수해 약간 부드러워졌으나 완전히 부드럽게 으깨지지는 않는다. 하지만 메주 숙성 향이 나고 옅은 꼬릿하고 구수한 청국장 향도 난다. 처음보다 물기가 흡수되어 부드럽게 뭉쳐진다. 좁고 긴 법랑통에 꽉꽉 눌러 담아 공기에 노출되는 표면적을 줄였다. 서늘한 곳에서 발효를 시작했다.

1개월 후

콩의 70%가 부드럽게 풀어져 있다. 진한 고동색을 띠고 흰
곰팡이가 약간 펴 있다. 점도가 있어졌다. 꼬릿한 향은 나지
않는다. 간장 향이 올라온다.

3개월 후

뚜껑을 열자마자 장의 향이 난다. 한국의 된장 같다. 먹어 보면
짭짤한 간장맛이 나고 끝맛이 굉장히 고소하다. 콩이 완전히
형태가 없어지고 부드러워졌다. 진한 고동색을 띤다.
잘 진행되고 있는 것 같다. 무엇보다 맛있다!

6개월 후

표면에 불투명한 흰 막(Kahm yeast)이 생겼다. 공기와 접촉하는 표면에서 자라는 효모로, 유해하지는 않지만 풍미에 영향을 줄 수 있다. '발효가 잘되고 있다'라기보다는 '발효가 진행되고 있다' 정도로 이해하면 된다. 생긴 막은 가볍게 걷어 낸다.

9개월 후

3개월 만에 조금 더 진해져 진한 고동색을 띤다.

건표고 향, 건다시마 향이 난다. 마른 오징어의 향도 느껴진다.

발효 향이 짙어졌다. 외관을 보면 콩이 대부분 뭉개져 있다.

오래된 한국의 장 같기도 하다. 장을 조금 만져보면 찰지다는

느낌이 든다.

맛은 달고 감칠맛이 좋다. 부드럽게 어우러지는 짠맛이 좋고

해산물 내장의 고소한 끝맛도 느껴진다. 입안에 들어왔을

때에도 콩이 중간에 씹히는데 굉장히 찰진 식감을 느낄 수 있다.

끝맛에 텁텁한 맛은 여전히 있으나 많이 순해졌다.

1년 후

뚜껑을 열자 짠 집된장 향이 난다. 조개젓, 마른 오징어 눈에서 나는 향과 같은 비릿한 건어물 향이 난다. 짭짤한 단맛, 고소한 끝맛이 많다. 미세한 떫음이 돈다. 밀도가 찰지다.

콩 미소(마메 미소)

재료

백태 500g, 콩누룩 1kg, 소금 300g

① 하루 불린 콩을 압력밥솥에 넣고 콩이 잠기게 물을 부어, 30분 내외로 삶는다.

② 채반에 밭친다. (콩물은 버리지 않는다)

③ 콩을 충분히 으깨고, 손으로 비벼 깨운 누룩과 소금을 넣고 잘 섞는다.

④ 동글동글 빚고 소독한 병에 던져 빽빽하게 틈 없이 쌓는다.

⑤ 햇빛이 없는 서늘한 곳에서 쌀 미소는 1년 이상 발효 숙성시킨다.

❖ (37쪽 '집에서 미소 만드는 법'을 참고해 주세요)

Tip. 물과 소금 농도 맞추기

시간이 지나면 건조된 콩누룩이 수분을 많이 흡수한다. 따라서 되기를 맞출 때,
수분(콩물)을 적절히 넣어 준다. 소금의 양은 대두와 콩누룩을 합친 것의 20%로
맞추면 적절하다.

콩누룩

킨잔지 미소

쌀누룩 80g, 보리누룩 80g, 콩누룩 80g

가지 90g, 태추단감 150g, 당근 80g, 표고 80g, 애호박 80g, 생강 5g, 시소잎 5~8장

원당 30g, 천일염 36g, 올리고당 60g, 청주 30ml

① 채소를 0.7×0.7cm 정도의 크기로 자른다.

② 소금과 원당에 버무린다.

③ 소금과 원당이 절반 정도 녹으면 올리고당을 넣고 뒤적인다.

④ 물기가 생기고 원당, 소금이 녹으면 누룩을 넣고 섞는다.

⑤ 소독한 병에 담고 꽉 눌러 밀폐한다. 청주를 위에 뿌린다.

⑥ 실온에 두고 2개월 정도 충분히 발효시킨다.

Tip. 재료의 비율

소금은 누룩의 15%, 채소는 누룩의 2배합이다.

킨잔지 미소 숙성 약 2주후

물기가 많이 생겨 촉촉해 보인다.

킨잔지 미소 숙성 약 한 달 후

색이 다소 진해졌고 발효된 향이 난다.
들춰보면 안쪽은 장이 잘 익은 색이 난다.

햇밀차 킨잔지 미소 오차즈케

재료

햇밀, 현미밥, 킨잔지 미소, 김, 깨소금

① 햇밀차를 먼저 만든다. 햇밀을 깨끗하게 씻어 물기를 제거한다.

② 마른 팬에 약불에서 볶다가 구수한 향이 나면 멈춘다.

③ 적당량의 볶은 밀을 냄비에 담아 잠기게 물을 부어 주고 약불에 올린다.

④ 밀알이 통통해지면 불에서 내린다.

⑤ 현미밥을 볼에 담고 햇밀차를 부어준다.

⑥ 김, 깨소금, 킨잔지 미소를 얹어 즐긴다.

제일 위쪽의 왼쪽부터(시계 방향), 볍씨학교 금강밀, 고광표 농부님의 검정밀,
김미랑 농부님의 앉은키밀, 고대언 농부님의 아리진 흑밀이다.

킨잔지 미소 김밥

재료

현미밥 2공기, 구운 두부 1/2모, 당근 줄기, 킨잔지 미소 4t, 김, 참기름, 미소
파우더 , 대나무 김발

①   현미밥에 참기름과 미소 파우더를 넣고 섞는다.

②   김발 위에 김을 펴고 밥을 김의 2/3 펴 준다.

③   킨잔지 미소를 조금 떠서 한 줄로 펴 준다.

④   구운 두부를 올린다.

⑤   당근 줄기를 적당량 올린다.

⑥   김을 말아 참기름을 바르고 마무리한다.

농장에서 당근을 주문했는데 줄기가 함께 달려 왔다.
사실 싱싱한 당근이라 해도 줄기가 그대로 붙어 있는 모습은 보기 드물다.
운이 정말 좋다. 이런 줄기를 그냥 냉장고에 넣어 둘 수는 없다.
싱싱함 그대로 김밥에 넣어 행복을 만끽한다.

서리가 내린다는 뜻으로
밤의 기온이 매우 낮다.

무를 맛있게 먹는 법

한 손으로 들기도 묵직한 무를 보면 어쩐지 마음이 강직해진다. 일본에서 학교를 다닐 때 유기농 식재료 가게 앞에 놓여 있던 길고 곧게 뻗은 일본 무를 보던 기억과는 다른 감각이다. 한국의 무는 조금 투박하지만, 그 묵직함에서 오는 단단한 땅의 기운이 있다.

쌀쌀한 날씨가 되면 무는 점점 수분을 머금고 단맛이 올라오며 단단해진다. 조금 더 추운 계절이 와야 맛이 최고로 좋지만, 가을무는 가을무대로 시원하고 아삭한 식감이 참 좋다. 무가 가진 그 '시원한 맛'은 어쩌면 한국 사람들만 특별히 알아차리는 감각인지도 모른다.

무를 반으로 자르면 단면에 맺히는 수분이 반짝인다. 그 모습을 보면 괜히 침이 꼴깍 넘어간다. 그래서인지 무를 자르

면 우리는 꼭 한 조각을 잘라 생으로 맛을 본다. 얼마나 달고
시원한지 확인하지 않고는 지나칠 수 없는 것이다. 나 역시 그
러하다.

무가 중심이 되는 요리는 생채나 깍두기 같은 김치일 때
가 많다. 하지만 부재료로 쓰일 때도 제 몫을 한다. 시원한 국
물을 낼 때 넣기도 하고, 생선조림 밑에 깔아 단맛을 더하고
타는 것을 막기도 한다.

일본에서는 무 자체의 맛을 온전히 즐기기 위해 무 찜(후
로후키 다이콘) 같은 요리를 만들어 유자 미소와 곁들여 먹는
다. 사실 더 추워져야 진가를 발휘하는 요리지만, 나는 곧은
무가 있거나 맛있게 익은 백미소가 있을 때면 이 요리를 꼭 만
든다. 스튜디오 냉장고에는 어느 계절이든 꺼내 사용할 수 있
을 만큼의 유자와 맛있는 백미소가 있다. 하지만 재료만으로
되는 요리는 아니다. 어떤 음식은 그 계절이 되어야 비로소 제
맛을 낸다. 그래서 날이 조금만 쌀쌀해지기 시작하면 나는 슬
슬 무 찜을 해 먹을 기회를 엿보고 있다.

무 찜은 무를 뽀얗게 익혀 내는 것이 중요하다. 보통은 소
금으로 간을 하지만, 오늘은 어쩐지 한식 간장이 먹고 싶다.
나는 한식 간장에서 나는 쿰쿰한 향을 좋아한다. 간을 하고 뚜
껑을 열었을 때 음식의 김과 함께 올라오는 그 향이 코끝에 확
퍼지는데, 그 순간이면 늘 같은 생각이 든다.

                                        2부 ― 절기 살이

‘아, 간이 맛있게 잘 배었겠구나.’

채소 요리를 하며 강의를 하는 내가 모든 채소를 다 좋아할 것 같다는 생각은 재미있는 오해다. 몇몇 채소는 이렇게 먹을 수밖에 없는 맛있는 요리로 만들어야 비로소 맛있게 먹게 된다.

그래도 이 계절에는 다르다. 단출한 간만 해 천천히 익힌 무 한 그릇이 놀랍도록 맛있다. 역시 절대 실패가 없는 무 요리다. 가을 무가 가진 힘이다.

맛국물 무 찜과 미소 곁들임

재료

무 500g, 소금 1/4t, 한식간장 2t, 무가 잠길 정도의 다시 채수 혹은 쌀뜨물

① 다시 채수를 만들어 둔다.

② 무 껍질을 제거하고 3cm정도 두께로 썬다.

③ 두꺼운 냄비에 무를 깔고 무가 잠길 만큼 채수를 부어 준다.

④ 뚜껑을 닫고 중불에 올린다.

⑤ 보글보글 끓으면 약불로 줄이고 30분 이상 푹 익힌다.

⑥ 무가 완전히 다 익으면 찬물로 씻어 무를 식힌다. 풀어졌던 무가
   모양이 잡힌다.

⑦ 무를 다시 냄비에 담고 잠길 만큼의 채수를 부어 준다.
   소금 간을 한다.

⑧ 중불에 올려 보글보글 끓으면 약불로 줄여 10분 내외로 끓인다.
   간장으로 간을 하고 10분 정도 더 끓인다.

⑨ 그릇에 무를 담고 다시마도 적당히 잘라 곁들인다. 국물을 끼얹고
   미소와 함께 먹는다.

Tip. 무 찜을 더 맛있게 만드려면

하나, 뽀얀 무를 위해 쌀뜨물을 사용해도 좋다.

둘, 무거운 냄비는 수분을 가둬 둔다. 수분의 대류 현상으로 무가 충분히 부드럽게 잘 익는다.

셋, 건표고, 연근, 당근, 순무, 우엉과 함께 익혀 먹어도 좋다

백미소

백태콩 100g, 쌀누룩(분말) 200g, 천일염 8g(콩의 5~8%)

① 콩을 깨끗하게 씻어 하룻밤 불린다.

② 콩을 압력밥솥에 담아 충분히 잠기게 물을 채워 불 위에 올린다.

③ 중불에 올리고 벨이 울리면 약불로 줄여 30분 정도 익힌다.

④ 불에서 내려 압력이 자연스럽게 빠지기를 기다린다.

⑤ 충분히 식힌 콩을 손으로 부드럽게 으깬다.

⑥ 쌀누룩(분말), 천일염을 넣고 섞는다. 이때 되기를 보며 콩물을 조금씩 넣는다.

⑦ 보관 용기에 담는다.

⑧ 햇빛이 들지 않는 서늘한 곳에 3~4주간 발효한다.

⑨ 저장용 미소는 아니다. 냉장고에 두고 6개월 안에 먹는다.

쌀누룩 가루

백미소는 콩에 비해 두 배 이상의 쌀누룩을 넣어 만드는 미소로, 부드럽고 단맛이
강한 것이 특징이다. 발효 기간이 짧아 발효 향이 비교적 약하고 색이 옅다. 다만
소금의 양이 적은 편이라 발효가 길어지면 산미가 생길 수 있으므로 주의한다.
또한 백미소는 콩 알갱이가 남지 않는 부드러운 질감이 특징이므로 삶은 콩을
절구나 으깨는 도구로 곱게 으깨 사용한다.

4장

겨울

비로소,
식탁에 앉다

11월 ✤ 입동, 소설

12월 ✤ 대설, 동지

1월 ✤ 소한, 대한

겨울은 오행 중 수(水)의 에너지를 가지며, 하루 중에서 저녁에 해당하는
시간과 맞닿아 있다. 기운은 깊이 침잠하며, 모든 생명이 휴식을 준비하는
계절이다. 겨울의 자연은 침묵 속에 생명을 응축하며 다음 계절을 위한
저장과 회복의 시기를 보낸다.
입동부터 일조량이 현격히 줄어들기 때문에, 태양의 기운을 머금은 식재료를
식탁에 올리는 것이 중요하다. 이 시기부터 자연 건조된 말린 채소들이
맛과 기운을 채우는 데 도움을 준다. 무말랭이, 말린 호박, 건나물 등은 몸을
따뜻하게 해 주고, 모여든 기운을 저장하는 응축의 성질을 가진다.
겨울은 특히 신장과 방광, 생식기 계통과 관련된 에너지가 예민해지는
시기로, 이를 보하는 음식이 중심이 된다. 검정콩, 흑미, 다시마, 김과
식재료도 겨울의 기를 북돋는 식재료다. 조리법은 천천히 오래 끓이는
스튜, 탕, 조림, 죽과 같은 따뜻한 음식이 잘 어울린다.
겨울철 식사는 몸을 데우고, 심신의 안정을 주며, 다음 계절을 위한 기운을
천천히 충전해 준다.

겨울이 깊어지는 마크로비오틱 라이프 스타일
움츠러든 기운 속에서, 가장 깊은 나와 마주하는 시간을 자주 갖도록
노력한다. 겨울의 낮은 짧고 밤은 길어진다. 햇빛이 드는 시간을 중심으로
생활 리듬을 맞추고 너무 이른 기상보다는 충분한 수면과 안정을 우선한다.
아침에는 따뜻한 차나 곡물죽으로 속을 데우며, 하루를 여는 것이 좋다.
휴식과 수면의 질을 생활의 중심에 놓고, 정적인 활동 속에서 에너지를
보존한다. 내복, 넉넉한 옷감, 담요 등 몸의 보온을 신경 쓰고 목욕과
족욕으로 기혈 순환과 깊은 이완을 돕는 것도 좋다.
내면의 우울과 정체감, 고요함 같은 감정이 떠오르기 쉬운 계절이다.
조용한 몰입의 행위로 내면을 돌보는 좋은 시기이다. 자연의 시간에
순응하며 한 해를 돌아보고, 다음 계절을 준비한다.

겨울의 시작.

서리태

어릴 적 흰쌀밥 위에 검정콩이 올라간 밥은 그다지 반가운 음식이 아니었다. 콩을 먼저 입에 털어 넣고 몰래 방문 뒤에서 뱉어 냈던 일을 엄마는 지금껏 모르실 것이다.

그때는 이 작은 콩 하나를 삼키기가 왜 그렇게 싫었을까. 이 작은 콩 안에 담긴 긴 시간은 당연히 상상도 못 했으니 말이다. 그 콩은 속이 파랗고 서리 내릴 때 거두어, '서리태'라 부르는 검정콩이다.

"이 콩은 나로부터는 약 40년이 되었고, 그전부터 이어 온 토종 종자입니다. 시어머님으로부터 지어 온 종자이니, 꽤 오래되었지요. 고목나무처럼 오래된 종자라서 어쩌다 속이 노란색도 나오지만, 자랑할 만한 콩입니다."

　이것은 생산자 권명순 농부님의 손글씨로 적어 내려간 서리태의 소개글이다.

종자는 먹고사는 수단을 넘어, 품에서 품으로 이어져 온 유산이자 역사다. 씨앗을 심고 가꾸는 일은 고귀한 생명을 잇는 마음이 없다면 결코 할 수 없는 일이다.
　미소를 담그며 최소 3개월에서 최대 3년도 기다린다. 때때로 그 시간이 아득하게 느껴졌지만, 농부의 수고와 땅이 품은 시간을 생각하면 기다림 또한 자연스러운 일이 된다.

서리태	
향	깊고 구수한 다양한 곡물 향이 있다. 메밀의 향도 느껴진다. 찐 밤과 같은 은은한 단향도 섞여 있다.
맛	쫀득하고 찰진 식감이 있다. 전두부처럼 크리미한 식감도 있다.
특징	짙은 고소함과 높은 당도, 긴 잔향이 특징이다. 서리태만이 가진 깊은 감칠맛과 콩 맛이 있다.
외형	불리면 1×2cm 정도의 크기로 백태보다 크다.

서리태 현미 미소

재료

서리태 200g(불리기 전), 현미누룩 200g, 소금 80g(콩의 40%)

①　하루 불린 콩을 압력밥솥에 넣고 콩이 잠기게 물을 부어, 30분 내외로 삶는다.

②　채반에 밭친다. (콩물은 버리지 않는다)

③　콩을 충분히 으깨고, 손으로 비벼 깨운 누룩과 소금을 넣고 잘 섞는다.

④　동글동글 빚고 소독한 병에 던져 빽빽하게 틈 없이 쌓는다.

⑤　햇빛이 없는 서늘한 곳에서 현미 미소는 1년 이상 발효 숙성시킨다.

※　(37쪽 '집에서 미소 만드는 법'을 참고해 주세요)

토종 밥밑콩

제일 위쪽의 왼쪽부터(시계방향), 서리태,
밤콩, 어금니동부, 아주까리밤콩, 퍼렁콩, 선비잡이콩(한가운데)

콩은 쓰임에 따라 이름을 달리한다. 밥에 어울리면 밥밑콩이
되고, 장독에 담기면 장콩이 된다. 먼 바람을 품고 온 제주의
토종 콩을 마주하니 반갑다.

토종 콩밥과 배추 장국

재료

밥: 현미밥 2컵, 토종 콩 50g
장국: 배추 200g, 다시 채수 500ml, 콩 미소 2T

---

① 토종 콩을 불린다.

② 현미밥을 짓는다(81쪽 참고).

③ 불린 토종 콩은 밥이 완성되기 10분 전에 넣고 익힌다.

④ 밥이 완성되면, 불을 끄고 10분 정도 뜸을 들인다.

⑤ 배추는 씻어서 적당한 크기로 자른다.

⑥ 다시 채수를 중불에 올린다.

⑧ 보글보글 끓기 시작하면, 손질한 배추를 넣는다.

⑨ 배추가 익어 반투명해지면, 콩 미소를 절구에 풀어 국에 넣는다.

⑩ 3분 정도 끓이고 불에서 내린다.

잘 지어진 밥 위에 작은 콩들이 알록달록 얼굴을 내민다.
저마다 다른 색을 지녔지만 같은 시간 속에서 함께 익었다.

[소설 — 11월 22일]

첫눈이 내린다.

칸코우지의 추억

겨울 부엌에는 늘 그리움의 향이 묻어 있다. 전날 말려 둔 식기와 면보를 정리하다 보면 계절이 손끝에 닿아 있다. 겨울이면 괜히 더 부엌일이 하기 싫어지지만, 추운 계절을 부지런히 지내야 따뜻한 봄이 찾아온다는 것을 나는 해마다 잊지 않는다.

겨울의 낮은 온도 속에서 발효 조미료들이 천천히 익어 간다. 찬바람이 불면 나는 가장 먼저 칸코우지를 담근다. 곡물의 진한 단맛과 농축된 짠맛이 부드럽게 어우러진, 날이 서지 않은 조미료. 무엇 하나 튀지 않으면서도 입안에 오래 남는 그 둥근 맛이 좋다.

이 조미료를 처음 알게 된 것은 일본의 리마 스쿨을 다닐 때였다. 쉬는 시간마다 친구들은 전날 만든 음식에 대해 이야기를 나누며 웃곤 했다. 그들이 머무는 주방을 그릴 때면, 늘

나의 주방에 머무는 듯했다. 그들의 음식은 하나같이 소박하고 따뜻했지만 무엇보다 그 말에는 언제나 부엌의 온기가 배어 있는 듯했다.

내가 알고 있는 대부분의 일본 발효 조미료들은 그 친구들에게서 배운 것들이다. 그들 역시 엄마에게서, 또 그 위의 세대에게서 전해 들은 레시피를 나에게 건넸다. 입에서 입으로, 손에서 손으로 전해진 조리법. 그 안에는 음식의 기억과 사람의 정이 함께 담겨 있었다.

어느 날 내가 "날이 추워졌으니 유자 시오코지를 만들 거야"라고 하자, 한 친구가 웃으며 말했다. "그보다 더 맛있는 게 있어. 추운 날에는 칸코우지를 담가 봐." 일본어가 서툰 나를 위해 그녀는 공책 한 귀퉁이에 세 단어를 적어 주었다.

'koji, salt, rice.'

한국에 돌아오자마자 나는 칸코우지를 만들었다. 찬 공기가 서린 베란다에 병을 두고 2주 뒤, 한 달 뒤, 세 달 뒤, 여섯 달 뒤 — 그때마다 병을 열어 향을 맡았다. 짠맛은 점점 둥글어지고, 끝맛에는 단맛이 감돌았다. 단맛 뒤에 다시 짠맛이 고개를 들고, 산미는 부드럽게 퍼졌다. 그것은 분명 발효의 맛이기 전에, 겨울을 견딘 시간의 맛이었다.

나는 칸코우지를 맛볼 때마다 묘하게 사람의 얼굴이 떠오른다. 기다리는 일, 참고 버티는 일, 그리고 어느 날 불현듯 부드러워져 스스로를 놀래는 일. 모두 발효의 일이고, 사람의 일이기도 했다.

칸코우지

찹쌀, 쌀누룩, 소금 (찹쌀:쌀누룩:소금 = 1:1:0.5 비율로 준비)

① 찹쌀을 깨끗하게 씻는다.

② 평소보다 물을 적게 잡아, 고슬하게 밥을 짓는다.

③ 쌀누룩을 손으로 비벼 풀어 놓는다.

④ 쌀누룩, 소금, 식힌 찹쌀밥을 섞는다.

⑤ 소독한 밀폐 법랑 통에 담아, 랩을 표면에 바짝 붙여 공기에 노출되지 않도록 한다.

⑥ 6개월~1년 시원한 곳에 놔둔다. 중간에 한두 번 뒤섞어 주면 좋다. 추운 계절이 지나면 냉장고에 넣어 천천히 발효시킨다.

⑦ 발효가 완료되면 부드럽게 갈아 감칠맛나는 소금으로 사용한다.

Tip. 시오코지와 칸코우지 비교

시오코지(塩麴, しおこうじ)는 는 쌀누룩과 소금, 물을 섞어 발효시켜 만드는 일본의 대표적인 발효 조미료이다. 일본 동북 지방의 누룩 절임 문화인 三五八 漬け(산고하치즈케)와 같은 전통적인 누룩 발효 식문화와도 관련이 있는 것으로 알려져 있다. 일반적으로 쌀누룩, 소금, 물을 섞어 약 7일에서 2주 정도 숙성하여 만든다.

칸코우지(寒麴, かんこうじ)는 일본 아키타현을 비롯한 동북 지방에서 전해지는 발효 조미료로, 찹쌀과 쌀누룩, 소금을 섞어 겨울철 낮은 온도에서 장기간 숙성해 만든다. 발효 기간은 보통 3개월에서 길게는 1년 이상이며, 시오코지에 비해 단맛이 강하고 짭짤하면서 깊은 감칠맛이 특징이다.

칸코우지 3일 차(위), 6개월 후(아래)

만든 지 6개월이 지나면 구수하고 짭짤한 풍미가 동시에 올라온다.
누룩의 쌀알이 모두 물러 있고 어두운 흰색을 띈다. 높이도 반 정도 줄었다.

칸코우지 유자 드레싱

재료

칸코우지 1T, 유자즙 1T, 올리고당 1/2T, 올리브오일 2T, 유자 껍질 6g

① 유자 껍질을 곱게 채 썬다. 길이를 길지 않게 한다.

② 칸코우지, 유자즙, 올리고당을 넣고 잘 섞는다.

③ 올리브오일을 조금씩 부어 가며 섞어, 윤기 있고 부드럽게
유화시킨다.

칸코우지 유자 드레싱은 구운 채소와 특히 잘 어울린다.

일 년 중 눈이 가장 많이 내린다.

씨앗이 남긴 길 위에서

씨앗은 시대의 유산이며, 동시에 공동의 관계 속에 새겨지는 기록이다. 한 세대가 심고, 다음 세대가 다시 거두며 식문화의 굵은 선이 그어진다. 그것은 서로의 시간을 이어 주는 일, 함께 짓는 삶의 방식이다.

씨앗은 늘 한 자리에 머무르지 않는다. 사람의 손을 따라 이동하고, 계절을 따라 다른 땅에 내려앉는다. 한 농부의 밭에서 자란 종자가 다른 마을의 밭으로 건너가고, 그곳에서 다시 씨를 남긴다. 그렇게 씨앗은 사람과 사람 사이를 오가며 살아간다.

평소 토종 콩을 구하려고 농부들의 블로그를 이곳저곳 뒤지곤 한다. 그러다 어느 시기가 되면 '씨앗 무료 나눔'이라는 글

을 자주 보게 된다. 판매할 것은 없어도, 집에서 먹으려고 농
사짓는 씨앗이라면 조금 나눌 수 있다는 이야기다.

나도 한 번 고수 씨앗을 받아 본 적이 있다. 흰 편지 봉투
에 작은 씨앗이 담겨 도착했다. 길게 적힌 편지는 아니었지만
어쩐지 긴 안부를 전해 받은 것 같은 기분이 들었다. 마치 '잘
키워 주세요' 같은 말이 덧붙어 있는 것처럼 느껴졌다.

그 고수 씨앗을 작은 화분에 심어 보았다. 그런데 나는 키
워 내는 일에는 영 소질이 없는 것 같다. 땅 위로 싹이 올라오
는 일이 이렇게 어려운 줄은 그때 처음 알았다. 씨앗만 있다고
아무 땅에서나 자라는 것은 아니라는 것도 함께. 씨앗에도 분
명 제대로 자랄 자리가 필요한 모양이다.

생각해 보면 씨앗이 사람 사이를 건너가는 방식은 늘 이
와 비슷했을 것이다. 이웃이 한 줌 건네고, 누군가는 다음 해
에 다시 씨를 받아 다른 사람에게 나눈다. 그렇게 씨앗은 한
사람의 밭에서 시작해 여러 사람의 땅과 계절을 지나왔을 것
이다.

씨앗에는 길이 있다. 밭에서 밭으로 이어지는 길, 밭에서 부엌
으로 되돌아오는 길, 그리고 세대에서 세대로 건너가는 길이
다. 그 길 위에서 우리는 같은 식재료를 먹으면서도 서로 다른
이야기를 이어 간다.

　부엌에서 콩을 씻고 불리다 보면 가끔 그런 생각이 든다. 이 콩도 어딘가의 밭에서 자라 누군가의 손을 거쳐 여기까지 왔겠구나 하고. 밥이 되고 장이 되고 다시 씨앗이 되는 동안, 아마 여러 사람의 계절을 지나왔을 것이다.

　그래서인지 씨앗에 대한 이야기를 듣고 있으면 마음이 차분해진다. 우리가 먹는 한 끼의 밥이 생각보다 긴 시간을 지나 왔다는 사실을, 그 작은 알갱이들이 가만히 알려 주는 것 같아서다.

눈검정콩

눈검정콩

향	콩물에서 빵을 찜기에 찌면 나는 향이 난다. 이 콩을 구별할 만큼의 특별한 향은 없다.
맛	백태랑 비슷하나 약간 싱거운 맛이다. 깊은 고소함은 없고 저지방 우유 보다 연한 맛이 난다.
특징	불리면 등틔기콩과 비슷한데 배꼽의 색이 미묘하게 다르다.
외형	불리면 백태와 비슷한 크기다. 콩의 배꼽을 보면 맑고 투명한 푸른빛에 초록이 살짝 섞인 색과 옅은 회색이 섞여 있다.

눈검정콩 현미 미소

눈검정콩 200g(불리기 전), 현미누룩 200g, 소금 80g(콩의 40%)

① 하루 불린 콩을 압력밥솥에 넣고 콩이 잠기게 물을 부어, 30분 내외로 삶는다.

② 채반에 밭친다. (콩물은 버리지 않는다)

③ 콩을 충분히 으깨고, 손으로 비벼 깨운 누룩과 소금을 넣고 잘 섞는다.

④ 동글동글 빚고 소독한 병에 던져 빽빽하게 틈 없이 쌓는다.

⑤ 햇빛이 없는 서늘한 곳에서 현미 미소는 1년 이상 발효 숙성시킨다.

※ (37쪽 '집에서 미소 만드는 법'을 참고해 주세요)

등틔기콩

등틔기콩	
향	콩물에 큰 향은 없으나, 눈검정콩과 비교하면 조금 찌릿한 향이 난다. 순두부 끓인 향도 나고 비교적 고소한 향이다.
맛	옅은 고소한 맛이 있다. 밤 향, 무첨가 두유 같은 맛도 있다. 콩을 삼키고 10초 후, 옅은 꽃 향이 남는다. 질감은 밤콩과 비슷한 질감이 난다.
특징	불리면 눈검정콩과 비슷한데 배꼽의 색이 미묘하게 다르다.
외형	불리면 백태와 비슷한 크기다. 콩의 배꼽을 보면 짙은 갈색이다.

등틔기콩 현미 미소

재료

등틔기콩 200g(불리기 전), 현미누룩 200g, 소금 80g(콩의 40%)

---

① 하루 불린 콩을 압력밥솥에 넣고 콩이 잠기게 물을 부어, 30분 내외로 삶는다.

② 채반에 밭친다. (콩물은 버리지 않는다)

③ 콩을 충분히 으깨고, 손으로 비벼 깨운 누룩과 소금을 넣고 잘 섞는다.

④ 동글동글 빚고 소독한 병에 던져 빽빽하게 틈 없이 쌓는다.

⑤ 햇빛이 없는 서늘한 곳에서 현미 미소는 1년 이상 발효 숙성시킨다.

※ (37쪽 '집에서 미소 만드는 법'을 참고해 주세요)

등틔기콩(위)과 눈검정콩(아래)

겨울의 절정.
일 년 중에서 밤이 가장 길고 낮이 가장
짧은 날이다.

[동지 — 12월 22일]

토종
잠두콩

토종 잠두콩	
향	구수한 향과 은은한 풋내가 있다.
맛	푸석하다. 밤의 질감과 맛이 난다. 전분 많은 감자 같은 질감도 있다.
특징	껍질이 두꺼운 편이라 장을 만들 때를 제외하고 껍질을 제거해 먹는 것이 좋다. 다른 콩보다 오래 불린다.
외형	1.5×1.0cm의 납작한 편. 한쪽이 둥글고 한쪽은 약간 눌린 모양의 타원형. 밝은 연두색이나 초록색, 갈색이 섞여 있다.

잠두콩 채식 두반장

잠두콩 200g, 쌀누룩 100g, 소금 70g, 고운 고춧가루 100g

① 콩을 하룻밤 불린다.

② 압력밥솥에 불린 콩과 물을 넣고 약 40분 이상 부드럽게 삶는다.

③ 삶은 콩을 절구나 손으로 으깬다.

④ 손으로 비벼서 풀어 준 쌀누룩과 소금, 고춧가루, 으깬 잠두콩을
섞는다. 점도에 따라 콩물을 추가한다.

⑤ 소독한 병이나 통에 담아 표면을 평평히 눌러 병 안의 공기를 최대한
줄인다. 소금을 한 겹(2t 정도) 덮어도 좋다.

⑥ 햇볕이 없는 서늘한 곳에서 3개월 발효시킨다.

⑦ 바로 사용 가능하지만, 냉장고에서 1~2개월 숙성 후 사용하면 좋다.

⑧ 냉장 보관 1년 가능하다.

당일 모든 재료를 섞은 모습

5개월 후

마크로비 마파두부

재료

잔다리 두부 150g (1/2모), 템페 40g, 우엉 20g, 당근 25g, 피망 40g, 양파 60g, 대파 30g, 마늘 10g, 생강 3g, 배추 50g, 간장 1T, 두반장 2T, 아마코우지 1T(원당 1t 대체 가능), 고추가루 1T, 다시 채수 400~500ml, 전분 1T, 참기름, 후추

---

① 　재료를 손질한다.

② 　두부는 1.5×1.5×1.5 크기로, 템페는 작은 다이스로 자른다.

③ 　우엉, 당근, 양파, 대파, 마늘, 생강, 홍고추를 다지고 피망은 곱게 채 썬다.

④ 　참기름을 두르고 마늘, 생강, 대파를 볶아 향을 낸다.

⑤ 　양파를 넣고 볶는다.

⑥ 　양파의 매운 향이 사라지면, 우엉을 넣고 볶는다.

⑦ 　6을 적당히 볶다가 당근을 넣고 볶는다.

⑧ 　템페를 넣고 더 볶다가 템페가 노릇해지면 배추와 피망을 넣고 볶는다.

⑨ 　간장을 넣고 볶다가 고춧가루, 두반장을 넣고 볶는다.

⑩ 　다시 채수를 넣고 불의 세기를 올린다.

⑪ 　보글보글 끓으면, 전분을 묻힌 두부를 넣는다.

⑫ 　불을 줄여 3분 이상 익힌다.

⑬ 　아마코우지와 참기름, 후추를 둘러 뒤적이고 마무리한다.

콩이 알려 준 일물전체•

콩비지는 두부를 만들 때 두유를 짜내고 남는 콩의 섬유질이다. 일본에서는 이것을 '오카라(おから)'라고 부른다. 식이섬유와 단백질이 풍부해 예부터 집집마다 다양한 음식으로 만들어 먹었다. 여기에 쌀누룩과 소금을 더해 발효시키면 콩비지 미소가 된다. 콩을 삶아 으깨는 과정이 없어 재료를 섞기만 하면 되니, 미소를 처음 담그는 사람에게도 비교적 부담이 없는 발효 음식이다.

이 레시피는 내가 마크로비오틱 학교를 다닐 때 일본인

● 일물전체(一物全體)는 마크로비오틱 철학을 이루는 중요한 개념 중 하나로, 하나의 식재료 안에 자연의 질서와 생명의 흐름이 온전히 담겨 있다는 생각이다. 껍질과 씨, 뿌리와 잎, 줄기까지 가능한 한 전체를 살려 사용하는 것을 의미한다. 이는 자연이 만든 균형을 존중하는 태도이기도 하다. 마크로비오틱에서는 이러한 시선으로 식재료를 바라보며, 한 가지 재료의 전체를 살려 조리하는 것이 몸과 삶의 조화를 이루는 식생활로 이어진다고 본다.

친구에게서 배웠다. 어느 날 점심시간에 도시락 반찬으로 가져온 콩비지 미소를 조금 나눠 먹게 되었는데, 그 친구는 이 미소를 먹으면 피부에 난 뾰루지가 사라진다고 말했다. 그 말이 사실인지 아닌지는 모르겠지만, 콩비지를 볼 때마다 나는 그 친구가 종종 떠오른다.

한국의 여러 콩으로 미소를 담근다는 내 이야기를 듣고 친구는 잠시 웃더니 이렇게 말했다.

"너의 냉장고에는 나보다 미소가 더 많을 것 같아. 언젠가 너의 미소 장국을 먹으러 한국에 가야겠어."

그 말을 듣고 나도 웃었다. 그때는 그저 농담처럼 들렸지만, 지금 내 냉장고를 열어 보면 정말로 여러 병의 미소가 줄지어 서 있다. 어떤 것은 막 담근 것이고, 어떤 것은 오래 묵어 색이 짙어졌다. 오랜만에 잊고 있던 콩비지 미소가 생각나 작은 병 하나를 다시 담가 두었다.

콩비지(おから) 미소

재료

콩비지 100g, 쌀누룩 200g, 소금 35g

① 　콩비지에 물을 조금 넣고 약불에서 가열한다.

② 　콩비지를 식힌 뒤 쌀누룩과 소금을 넣어 골고루 섞는다.

③ 　햇볕이 들지 않는 서늘한 곳에서 최소 1개월~3개월 발효시킨다.

④ 　냉장 보관은 3~6개월 가능하다.

Tip. 콩비지의 특징

- 콩비지는 수분이 부족하고 미생물에 노출되기 쉬운 재료이기 때문에, 가열 과정을 거치면 살균 효과가 있어 발효를 보다 안정적으로 진행할 수 있다.

- 콩비지 미소는 일반 미소보다 수분이 많아 발효가 빠르게 진행된다. 그래서 너무 오래 두면 산미가 강해질 수 있다. 완성된 뒤에는 냉장 보관하며 비교적 빠르게 사용하는 것이 좋다.

작은 추위.

[소한 — 1월 6일]

히시오누룩

히시오(ひしお, 醬)는 일본에서 오래전부터 만들어 온 발효 조미료다. 콩이나 곡물, 때로는 어류를 소금과 함께 발효시켜 만든 장으로, 그 기원은 중국의 발효 조미료 장(醬, jiàng)에 닿아 있다고 알려져 있다. 이 장 문화는 중국에서 한반도를 거쳐 일본으로 전해졌고, 각 지역의 기후와 식문화 속에서 조금씩 다른 모습으로 자리 잡았다.

고대 일본에는 여러 형태의 히시오가 있었다. 콩으로 만든 것, 곡물로 만든 것, 어류를 발효시킨 것까지 재료에 따라 다양한 장이 만들어졌다. 지금 우리가 아는 미소나 간장처럼 정리된 조미료라기보다는, 발효라는 기술이 막 생활 속에 자리 잡던 시기의 장이라고 보는 편이 더 가깝다.

시간이 흐르면서 이 발효 기술은 점차 분화되었다. 히시

일본 오사와재팬에서 판매하는 히시오누룩

오는 미소로 이어졌고, 미소의 발효에서 간장이 분리되어 오늘날의 장 문화가 만들어졌다. 그래서 일본 식문화에서는 히시오를 미소와 간장으로 이어지는 장류 발효의 초기 형태로 이야기하기도 한다.

히시오 미소를 만들 때 사용하는 누룩을 히시오누룩(ひしお麹)이라고 한다. 히시오누룩은 대두(콩)누룩과 보리누룩을

히시오누룩의 모습

혼합한 형태의 누룩이다.

히시오를 다루다 보면 가끔 그런 생각이 든다. 지금 내 부엌에서 떠 올린 장 한 숟갈에도, 오래전 사람들의 부엌이 조용히 이어져 있는 것은 아닐까 하고.

히시오 미소

재료

히시오누룩 100g, 물 30ml, 한식 간장 140ml

① 물을 끓여 식힌다.

② 식힌 물과 간장을 섞는다.

③ 병에 히시오누룩을 담고 간장물을 부어 준다.

④ 5일 정도는 하루에 1회 섞는다.

⑤ 3개월 이상 직사광선이 없는 실온에 두고 발효시킨다.

⑥ 3개월부터 사용해도 좋다.

Tip. 숙성에 대하여

히시오는 보통 3개월이 지나면 발효가 안정되어 냉장 보관을 권한다. 발효가
계속되면 유산균의 작용으로 산미가 점차 올라올 수 있기 때문이다. 하지만
서늘한 곳에 두고 시간을 더 보내면 부드러운 짠맛과 특유의 복합 풍미가 생긴다.

히시오 미소 3일 차(좌)와 1년 차(우)

히시오 미소를 만들고 병에 담아 햇볕이 들지 않는 서늘한 곳에 두었다.
"맛있어 져라―"
바쁘게 계절을 지나고 나서야, 잊고 있던 장이 눈에 들어왔다.
누룩은 부드럽게 뭉개져 있고 진해진 간장은 점성을 띠며 짙어졌다.
표면에는 짙은 흑갈색의 유막이 얇게 퍼져 있고, 병을 들어 바닥을 보면
미세한 침전물이 보인다.
뚜껑을 여는 순간, 춘장을 닮은 단 향과 가벼운 산미가 코끝을 스친다.
공기 중에 퍼진 향에 이끌려 초파리 한 마리가 달려들었다.
잘 익은 장을 보면, 깊은 행복이 생긴다.

히시오 미소를 곁들인 구운 주먹밥

재료

콩을 넣은 현미밥, 히시오 미소, 참기름 적당량, 소금 적당량

① 토종 콩을 넣어 현미밥을 짓는다.

② 다 지어진 밥에 참기름과 소금을 섞고 한 주먹씩 떼어 주먹밥을
만든다.

③ 주먹밥 양옆을 납작하게 눌러 오일을 두른 팬에서 노릇하게 굽는다.

④ 구워진 한쪽 면에 히시오 미소를 바르고, 바른 면이 아래로 가게 두어
다시 한 번 굽는다.

짭쪼름한 히시오 미소와 따뜻한 녹차,
구수한 토종 콩 현미밥이 전하는 겨울의 맛

큰 추위.

주체적인 밥상을 차리는 습관

식생활 모임이나 요리 수업을 하면 사람들은 내가 사용하는 조미료를 가장 궁금해한다. 요리마다 사용하는 조미료가 다르다 보니 꽤 여러 종류의 조미료를 챙겨 다니는데, 수강생분들은 테이블 위에 나란히 놓인 조미료 통을 보며 늘 호기심을 보인다.

간장도 몇 가지, 미소 된장도 몇 가지, 감미료도 몇 가지. 직접 구매한 것부터 직접 담근 것까지 테이블 한편을 가득 채운다. 좋은 조미료를 만드는 일도 어렵지만, 그만큼 괜찮은 제품을 찾아내는 안목을 기르는 일 또한 결코 쉬운 일이 아니다. 그만큼 조미료를 고르는 일은 생각보다 신중해야 한다. 누군가를 집 안으로 들이는 일처럼, 주방에 들이는 조미료 역시 오래 곁에 두게 될 것을 생각하며 선택해야 한다.

그러니 이미 검증된 조미료를 찾으려는 마음도 충분히 이해가 간다. 수업을 하다 보면 "선생님 제일 맛있는 간장 좀 추천해 주세요"라는 질문을 자주 받는다. 하지만 그 질문에 선뜻 답을 내리기는 쉽지 않다. 내가 사용하는 조미료가 가장 맛있다는 생각 역시 결국은 내가 쌓아 온 경험과 배경지식에서 비롯된, 지극히 개인적인 판단이기 때문이다.

식생활법을 받아들일 때 중요한 것은 스스로 판단하는 일이다. 어떤 재료를 선택하고 어떤 맛을 기준으로 삼을지에 대한 결정은 결국 각자의 몫이기 때문이다. 스스로 생각하고 선택하는 감각은 몸소 겪은 경험을 통해서만 길러진다. 다양한 지식을 받아들이되, 무엇이 나에게 맞는지 가려내고 선택하는 일, 그리고 그것을 자신의 밥상으로 이어 가는 일은 오롯이 나의 몫이다.

아주까리밤콩과 아주까리검정밤콩

아주까리밤콩(좌)과 아주까리검정밤콩(우)

아주까리밤콩

향	찐 밤 향이 나고 구수한 밥 짓는 향이 난다.
맛	밤 맛이 가득 나는 콩. 포근포근한 질감이 있다.
특징	밥에 넣어서 지으면 구수한 맛이 좋다.
외형	백태보다 큰 형태로 동글동글하다. 껍질이 거북이 등처럼 갈라져 보인다.

아주까리밤콩 쌀 미소

재료

아주까리밤콩 100g(불리기 전), 쌀누룩 100g, 소금 38g(콩의 38%)

① 하루 불린 콩을 압력밥솥에 넣고 콩이 잠기게 물을 부어, 30분 내외로 삶는다.

② 채반에 밭친다. (콩물은 버리지 않는다)

③ 콩을 충분히 으깨고, 손으로 비벼 깨운 누룩과 소금을 넣고 잘 섞는다.

④ 동글동글 빚고 소독한 병에 던져 빽빽하게 틈 없이 쌓는다.

⑤ 햇빛이 없는 서늘한 곳에서 쌀 미소는 6개월 이상 발효 숙성시킨다.

❋ (37쪽 '집에서 미소 만드는 법'을 참고해 주세요)

유정란 미소 쿠키

재료

우리밀 130g , 버터(무염) 120g, 원당 55g, 아몬드가루 40g, 미소 1T, 계란
노른자 36g(약 2개)

① 실온에 둔 무염버터를 휘핑기를 이용해 부드럽게 풀어 준다. 원당을
　　 넣고 충분히 휘핑해 80% 정도 녹인다.

② 노른자를 넣고 휘핑기로 섞는다.

③ 미소를 넣고 휘핑기로 섞는다.

④ 우리 밀과 아몬드가루를 넣고 가르듯 주걱으로 빠르게 섞는다.

⑤ 한 덩어리를 만들고 지름 4cm 정도로 길게 밀어 막대기 모양을
　　 잡는다. 유산지에 감싸 냉동한다.

⑥ 한 시간 뒤, 1.2cm정도의 두께로 잘라 간격을 두고 팬에 올린다.

⑦ 미소 파우더를 위에 조금 뿌린다.

⑧ 150도에서 25~30분 굽는다.

봄의 된장국

〈봄동 양파 쌀 미소 장국〉

겨울 동안 움츠러들었던 몸과 마음이 풀리는 봄에는, 부드럽고 맑은 기운의
된장국이 잘 어울린다. 콩의 영양이 그대로 담긴 말캉한 전두부에, 은근한
단맛이 도는 쌀 미소, 기운을 차린 땅에 납짝 엎드린 봄동이 더해진다.

재료

봄동 60g, 양파 30g, 전두부 150g, 쌀 미소 3~4T, 채수 600~650ml

① 봄동과 양파를 다이스로 썬다. 봄동은 양파보다 조금 더 크게 썬다.

② 전두부●를 4등분한다.

③ 냄비에 채수를 담아 끓인다.

④ 채수가 보글보글 끓으면 양파와 봄동, 전두부를 넣고 끓인다.

⑤ 양파가 반투명해지면, 절구에 쌀 미소와 채수를 부드럽게 풀어
   넣는다.

⑥ 3분 정도 끓이고 불에서 내린다.

● 콩을 갈아 끓인 뒤 걸러 내지 않은 형태. 즉, 비지나 두유처럼 걸러 낸 것이
아니라 콩 전체가 들어간 두부다. 비지를 걸러 낸 두유에 간수를 넣어 응고시킨
일반 두부보다 구수한 콩 향이 있고 높은 밀도의 부드러움을 느낄 수 있다.

된장국

여름의 된장국

〈감자 옹심이 애호박 보리 미소 장국〉

포슬한 감자와 쫀득한 옹심이, 단맛이 충분히 올라온 애호박에 구수한 보리
미소를 더한다. 보리의 서늘한 기운이 더위를 식히고, 감자와 옹심이가 속을
단단히 채운다. 한낮의 열기가 식탁 위에서 너풀거린다.

재료

애호박 30g, 감자 30g, 감자옹심이 100~120g, 보리 미소 3~4T,
채수 600~650ml

① 애호박과 감자를 나박나박 썬다.

② 냄비에 채수를 담아 끓인다.

③ 보글보글 끓으면 감자옹심이를 먼저 넣고 10분 끓인다.

④ 애호박, 감자를 넣는다.

⑤ 감자가 반투명해지면 절구에 보리 미소와 채수를 부드럽게 풀어
넣는다.

⑥ 3분 정도 끓이고 불에서 내린다.

된장국

가을의 된장국

〈뿌리채소 현미 미소 장국〉

찬바람이 불기 시작하면, 뿌리채소와 발효 향이 깃든 짭짤한 현미 미소를
채운다. 땅속에서 단단히 여문 뿌리의 기운이 몸을 따뜻하게 붙들어 주고,
발효로 둥글어진 현미만큼 둥근 날들이 이어진다.

재료

우엉 50g, 당근 40g, 연근 30g, 현미 미소 3~4T, 채수 700~750ml

① 우엉과 당근을 채 썬다. 연근은 슬라이스 해 반으로 자른다.

② 냄비에 채수를 담아 끓인다.

③ 보글보글 끓으면 우엉, 당근, 연근을 넣고 끓인다.

④ 채소가 반투명해지면 절구에 현미 미소와 채수를 부드럽게 풀어
넣는다.

⑤ 3분 정도 끓이고 불에서 내린다.

겨울의 된장국

〈무시래기 콩 미소 장국〉

햇볕에 바싹 마른 시래기를 보니 지난 계절의 애씀이 기특해진다. 끝맛에 살짝
남는 콩 미소의 떫은 향 사이로, 단맛이 오른 겨울 무가 제 역할을 다해 낸다.

재료

불린 시래기 80g, 무 50g, 대파 20g, 콩 미소 3~4T, 들기름, 채수 700~750ml

①   불린 시래기를 먹기 좋은 크기로 자른다. 비슷한 길이로 무도 채 썬다.

②   대파를 잘게 썬다.

③   냄비에 들기름을 두르고 시래기와 무를 볶는다.

④   냄비에 채수를 부어, 보글보글 끓으면 약불로 줄이고 12분 정도
끓인다.

⑤   절구에 콩 미소와 채수를 부드럽게 풀어 넣는다.

⑥   송송 썬 대파를 넣는다.

⑦   3분 정도 끓이고 불에서 내린다.

잘 먹겠습니다 Epilogue

시간이 쌓인 식탁 위에는 늘 이야기가 있다.
손끝의 기억이 한데 모여 하루의 맛이 된다고 믿는다.
이 책은 그런 순간들을 기록한 발효의 기록이자
사람과 계절, 음식이 서로를 닮아 가는 이야기다.

때때로 이 책을 펼쳐
누군가는 계절을 떠올리고
누군가는 얼굴을 떠올리고
누군가는 자신을 떠올렸으면 좋겠다.
우리의 식탁은 현재와 과거, 그리고 미래가
끊임없이 교차하며 이야기를 이어 간다.
그 안에서,
어딘가에 있었던 자신만의 행복을
하나쯤 마주하길 바라며.

Life is Macrobiotic.

From. CAROL

사계절 미소와 채식 한 끼

초판 1쇄 발행 2026년 5월 6일

지은이   박진희(캐롤)
펴낸이   박영미
펴낸곳   포르체

책임편집   강서준 유나
마케팅   정은주 민재영
디자인   황규성

출판신고   2020년 7월 20일 제2020-000103호
전화   02-6083-0128
팩스   02-6008-0126
이메일   porchetogo@gmail.com
인스타그램   porche_book

이 책의 국립중앙도서관 출판시도서목록은 서지정보유통지원시스템
홈페이지(http://seoji.nl.go.kr)와 국가자료공동 목록시스템
(http://www.nl.go.kr/kolisnet)에서 이용하실 수 있습니다.

잘못된 책은 구입하신 서점에서 바꿔드립니다.
책값은 뒤표지에 있습니다.

여러분의 소중한 원고를 보내주세요.
porchetogo@gmail.com